KB097853

반갑다 호전반응

의사, 약사도 인정하는 호전반응의 모든 것

반갑다 호전반응

정용준 지음 | 정용훈 감수

모아북스
MOABOOKS

1.현대인의 생활이 인체에 미치는 영향

    현대인의 생활양식은 우리의 건강을 위협하는 다양한 요소들로 가득합니다. 합성의약품, 독소, 공해, 스트레스, 잦은 음주, 흡연, 정서적 불안 등이 그 예입니다.

2.장내 유해독소 발생의 결과

여드름
알레르기
아토피 질환
건선
두드러기

노화촉진
기미 반점
혈액순환 장애

요통
만성 피로
신장염, 신우신염
통풍
관절염, 류마티스
갑상선염, 전립선염

구취
소화불량
역류성 식도염
복부 팽만감
영양 흡수 부진

**장내
유해독소로 인한
증상과 질병**

간 기능 저하
지방간
간염
간경화

불면증, 노이로제
신경쇠약
두통, 편두통
치매
집중력 부족

비만
고혈압
당뇨
중풍, 뇌경색
각종 암

생리불순, 생리통
치질, 치루
대장하수
방광염

3.신체에 나타나는 호전반응이란?

   호전반응은 인체에 좋은 영양분을 섭취함으로써 몸의 생체기능이 조절되며 체내의 모든 기능이 정상화되기 위해 세포가 되살아나면서 생기는 반응입니다.

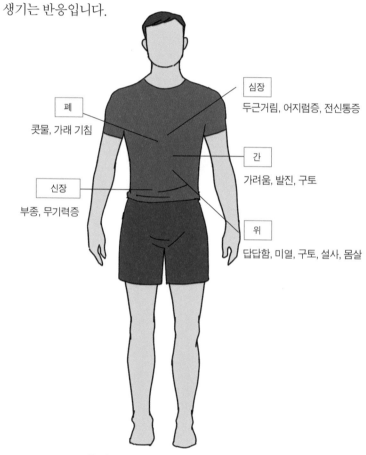

호전반응이 없으면 병은 낫지 않습니다.

4.호전반응의 종류

호전반응의 종류는 증상에 따라 크게 네 가지로 나눠 볼 수 있습니다.

호전반응 기간은 약1주일이고 대부분 2~3일 이내에 사라졌다가
다시 반복되기도 하고 점차 사라집니다.

5. 신체별 부위에 따른 증상

남성

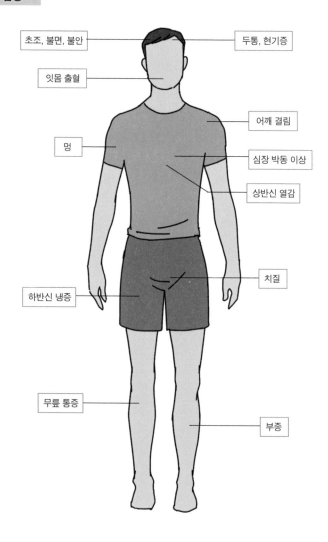

초조, 불면, 불안

두통, 현기증

잇몸 출혈

어깨 결림

멍

심장 박동 이상

상반신 열감

치질

하반신 냉증

무릎 통증

부종

6. 신체별 부위에 따른 증상

여성

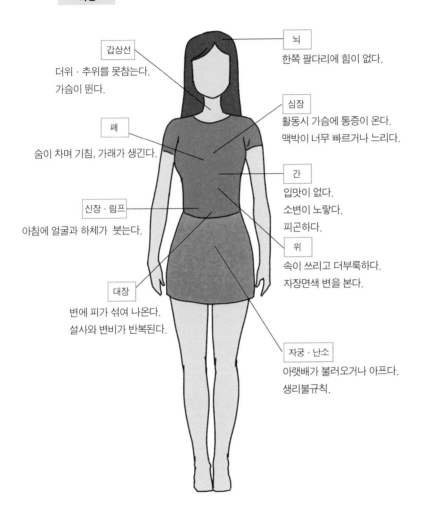

갑상선
더위 · 추위를 못참는다.
가슴이 뛴다.

폐
숨이 차며 기침, 가래가 생긴다.

신장 · 림프
아침에 얼굴과 하체가 붓는다.

대장
변에 피가 섞여 나온다.
설사와 변비가 반복된다.

뇌
한쪽 팔다리에 힘이 없다.

심장
활동시 가슴에 통증이 온다.
맥박이 너무 빠르거나 느리다.

간
입맛이 없다.
소변이 노랗다.
피곤하다.

위
속이 쓰리고 더부룩하다.
자장면색 변을 본다.

자궁 · 난소
아랫배가 불러오거나 아프다.
생리불규칙.

호전반응은 건강으로 향하는 관문이다

내 몸은 거짓말을 하지 않는다

인간은 태어나 죽을 때까지 자연스레 몸속에 노폐물이 쌓이게 된다. 평소 건강에 신경 쓰는 사람들조차도 외부적·내부적 환경에 의한 스트레스로 대사 활동에 방해를 받고, 몸에 이롭지 않는 음식물들을 섭취한다. 그러니 딱히 질병은 없더라도 누구나 조금씩 몸에 탈이 난 상태인 것이 당연하다.

그럼에도 이런 사실을 무시한 채 무리한 생활습관을 이어가는 사람이 많다. 한 예로 영양소의 불균형을 보자. 사실상 현대인들 중에 인스턴트식품, 불규칙한 식사습관, 폭식과 과식, 편향된 식습관 등에서 자유로울 수 있는 사람은 많지 않다. 이외에 운동 부족, 스트레스 축적 등도 건강을 위협한다. 즉 나쁜 식습관과 생활습관이 나쁜 몸 상태를 만드는 셈이다.

이때 찾아올 수 있는 증상들은 특별한 질병이라기보다는 집중력이 떨어지고 늘 피곤하며, 눈가가 실룩대고, 피부가 거칠어지며, 불안과 짜증이 느는 증상 등으로 나타난다. 이럴 때, "며칠 쉬면 나아지겠지" 생각하다가 증상이 더 심각해지는 경우가 있는데, 이것은 우리 몸의 건강 체계가 무너졌다는 의미로 봐야 한다.

즉 정확한 병명은 없는 반건강 상태이자 생활습관병과 만성질환으로 가는 관문인 것이다.

통증을 반가워하라

특별한 병이 없는데도 여기 저기 아플 때는 병원에 가도 뾰족한 치료 방법이 없다는 진단을 받는다. 치료할 길이 요원한 것이다. 하지만 이 반건강 상태가 계속되면 당뇨, 고혈압, 암과 같은 큰 질병이 발생하며, 그때가 되면 치료는 더욱 어려워진다. 이를 막는 길은 한 가지이며 통증과 불편한 증상 등을 통해 우리 몸이 보내는 신호에 귀를 기울이고, 나타나는 증상의 원인을 제거하는 데 주의를 기울려야 한다. 그럼에도 대부분의 사람들은 당장의 통증만을 다스리기 위해 진통제와 항생제 같은 약물을 복용하거나 외과적 수술을 시도하는 등 외적인 치료에만 신경을 쓴다. 오히려 통증과 불편한 증상 등을 통해 우리 몸이 회복을 시도하고 있다는 점을 무시한 처사다.

한 예로 몸에 상처가 생겼다고 치자. 그 부위가 아물기 시작하면 심한 가려움이 찾아든다. 이는 다친 조직 세포들이 활발하게 움직여 새로운 세포를 만들어내면서 발생하는 것이다. 침과 뜸, 지압 등 한방 치료도 마찬가지다. 몸이 아픈 상태에서 침과 뜸을 맞고, 지압 등을 받고 나면 처음 며칠은 몸살처럼 몸에 통증이 느껴지거나 고열이 찾아오기도 한다. 이 모두는 결과적으로 병이 낫기 위한 과정인 만큼 단순한 통증과는 구분되는 것이라고 볼 수 있다.

아파야 낫는다

이처럼 회복과 치유 과정에서 나타나는 통증과 불편한 증상등을 한의학에서는 호전반응, 또는 명현현상이라고 한다. 호전반응의 시초는 중국의 사서삼경중의 하나인 서경에서 "약을 복용하고 호전반응이 발생하지 않으면 질병이 낫지 않는다"고 말한 구절에서 비롯되었다고 한다.

한의학에서는 호전반응을 긍정적인 것으로 평가한다. 병의 치료 과정에서 자연스레 유발되는 인체의 면역반응, 또는 질병 자체의 치유과정이 진행되면서 자연스럽게 표출되는 반응으로 본다. 이는 한의학의 경우 병을 국소 부위의 문제가 아닌 전신적인 문제로 바라보고, 치유 과정에서 전신에 전혀 예기치 않은 반응이 나타나게 된다고 보기 때문이다. 그래서 동양의학에서는 "명현이 없으면 병이 낫지 않는다"는 말이 있을 정도로 오래 앓아온 병이 나으려면 일정한 호전반응을 겪어야 한다고 말한다.

심지어 오래전 중국 문헌에서는 중국 황제 고종도 "약을 먹을 때 눈이 멀 정도가 아니면 효험이 없다"는 언급이 나와 있는데, 평소 질병을 품고 있던 몸이 명약이나 좋은 음식을 받아들이면서 특이적 반응을 보이는 것이 당연한 일이며, 호전반응이 심할수록 그 약효도 더 탁월해진다고 볼 수 있다. 호전반응이 강하게 나타나는 이유는 그간 쌓여온 질병의 원인이 되는 체내 독소를 배출하기 때문이다.

호전반응과 디톡스 Detox

디톡스는 호전반응과 매우 관계가 깊은 건강법으로, 쉽게 말해 해독이라고도 불린다. 디톡스란 화학치료를 배제한 다양한 자연치료와 기능식품 섭취 등으로 우리 몸의 독소들을 제거해 건강한 면역력을 되찾는 작용을 뜻한다.

현재 우리는 문명과 과학기술의 발달이라는 신기원 속에서 살아가지만, 동시에 많은 것을 잃어가고 있다.

의약품의 오남용(항생제, 스테로이드제, 호로몬제 등), 농작물의 병충해를 막기 위한 무분별한 농약 사용, 음식의 상품가치를 높이기 위한 식품 첨가물의 범람, 농작물의 빠른 생장을 위한 화학비료와 성장촉진제의 사용, 도시의 공업화, 산업화로 인한 수질과 대기오염, 자동차의 증가로 인한 대기의 피폐화, 이 모두가 현재 우리의 생명을 위협하는 요소로 등장하고 있는 것이다.

이처럼 토양과 수질, 대기, 식품의 오염 모두가 시급한 문제이지만, 디톡스와 관련해 무엇보다도 심각한 것은 식품의 오염과 불균형이라고 할 수 있다. 식품이 오염되었다는 것은 이중의 오염 위험을 안겨 준다.

첫째, 음식물을 통해 몸의 해독을 실시하는 우리 인체에 지대한 악영향을 미치게 된다는 점이다.

둘째, 나아가 오염된 식품을 섭취함으로써 독 위에 또 다른 독을 짐지우는 악순환이 반복될 수 있다는 점이다.

셋째, 바쁜 생활 등으로 인한 영양 불균형이 몸 안의 독소 영향을 더욱 배가시키는 원인이 된다는 것도 큰 문제이다. 바로 이런 점 때문에 일상적인 건강을 유지하기 위해 순수한 영양소 형태의 기능식품을 섭취하는 일이 많아지고 있는데, 이런 기능식품 섭취에도 몇 가지 정보가 필요하다.

많은 이들이 건강기능식품 섭취 후 호전반응을 겪는 이유

첫째, 우리는 기능식품 섭취 효과가 결코 순간적으로 나타나지 않는다는 점을 알아야 한다. 우리 몸은 치유의 과정에서 반드시 아픔을 동반하고 체내 세포가 바뀌는 4개월의 주기를 지나야만 그 효과가 제대로 발휘된다.

둘째, 기능식품의 치유 효과는 결국 해독을 의미한다. 우리 몸은 현재 다양한 독소들로 인해 원활한 신진대사가 어려운 상황이다. 이럴 때 순수한 영양소는 우리 몸을 정화시키고 체내 조직을 정비하는 역할을 한다. 이때 반드시 호전반응이라는 치유 현상을 일으키는데, 이것은 다양한 형태의 통증과 불편감을 동반한다. 그리고 이 불편감과 통증을 즐기며 이겨내야만 몸의 해독이라는 궁극적인 목표에 도달할 수 있는 것이다. 좋은 음식과 영양소를 섭취함으로써 나타나는 호전반응은 이제 더 이상 단순한 몸의 고통이 아니다. 이것은 체내의 화학물질과 독소를 배출함으로써 전 지구적 오염 속에서도 건강을 이어나갈 수 있는 중요한 건강 키워드로서 우리 몸이 새롭게 태어나는 과정이다. 그럼에도 많은 이들이 아직 호전반응을 두려워하거나 이에 대한 제대로 된 지식을 겸비하지 못한 경우가 많다.

이 책은 바로 그 점에 주안점을 맞추어 해독과 통증, 기능식품과 호전반응에 대한 주요한 부분들을 핵심적으로 다루고자 한다.

정용준

| CONTENTS |

Part **1**

아프면 낫는다

1. 아파야 오히려 건강해진다?

약국 및 편의점에서 쉽사리 약을 살 수 있게 된 요즘 흔하게 볼 수 있는 풍경이 있다. 집안 서랍장에 상비약을 잔뜩 준비해놓고 조금이라도 몸에 이상이 생기면 입안에 털어 넣는 것이다. 콧물이나 재채기가 조금 나면 곧바로 감기약과 몸살약을 먹고, 가래가 끓으면 진해거담제를 먹는다. 피부의 염증이 조금만 있어도 항생제나 스테로이드제를 거침없이 쓴다. 이런 모습은 현대인들이 통증을 얼마나 두려워하며, 통증과 치유에 대해 극도로 무지하다는 사실을 여과 없이 보여준 예라고 할 수 있다.

인간의 몸은 눈, 코, 입, 피부, 항문, 배꼽 등에서 항상 분비물을 배출하고 있다. 보기에는 흉하고 번거롭지만 사실상 이 분비물들은 많을수록 치유에 도움이 된다. 몸 밖으로 이어진 통로를 통해 몸 안의 나쁜 독소를 배출하는 것이기 때문이다. 이로써 인체는 몸의 상태를 정상으로 유지하는 항상성을 발휘하고 자연치유력이라는 놀라운 힘을 유지하는 것이다.

분비물 뿐만이 아니다. 통증도 마찬가지다. 한 예로 무거운 물건을 갑자기 들고 근육통이 발생했을 때를 보자. 몸 근육에 통증이 느껴지게 되는데, 이는 몸안의 피로물질을 배출하기 위한 정상적인 활동이다. 과도한 활동으로 인한 젖산이라는 피로물질이 혈류를 방해하는 것을 막기 위해 히스타민, 아세틸콜린 같은 성분을 만들어내는 것이다. 접지른 발목이 붓는 것도 마찬가지로 부기 자체가 내부 상처를 보호하기 위하여 나타나는 좋은 반응이다.

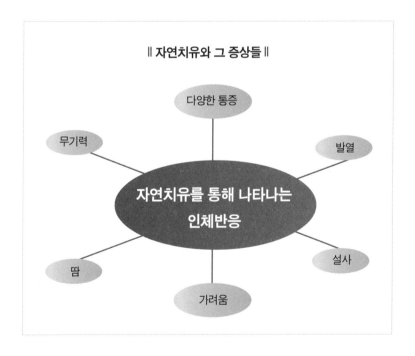

‖ 자연치유와 그 증상들 ‖

다양한 통증

무기력

발열

자연치유를 통해 나타나는
인체반응

설사

땀

가려움

감기로 열이 오르는 것도 비슷한 치유 현상이다. 체온을 높여 백혈구를 활성화시켜 바이러스와 대적하도록 만드는 것이다. 나아가 설사와 습진 역시 몸에 불필요한 독소를 배출시키는 한 과정이다. 즉 이런 과정이 우리의 걱정과는 달리 신체를 개선시키고 치유하는 만큼, 통증과 분비물을 오히려 반겨야 한다. 그럼에도 많은 이들이 여전히 통증을 즉시 없애야 하는 해로운 증상으로 인식하는데, 이는 통증이 왜 생겨나고, 왜 중요한지 그 메커니즘을 이해하지 못한 결과이다. 다음 페이지를 보도록 하자.

2. 통증의 과학

한 연구 결과에 의하면 대한민국 성인의 10%에 가까운 무려 250만 명이 각종 통증으로 고통 받고 있다. 여기서의 통증은 두통이나 복통 같은 가벼운 통증부터 류머티즘관절염, 통풍 같은 만성적인 질환까지 모두 포함한다. 만성통증은 대단히 고치기가 어려운 경우가 많은데, 여기서 우리가 주목해야 할 점은 일상적인 통증이 결국 더 큰 질병을 예방하라는 좋은 신호라는 점이다

통증은 몸의 이상을 알리는 신호로서 이 신호를 받은 뇌는 일정한 반응을 통해 몸을 보호하게 된다. 한 예로 뜨거운 냄비에 손을 데이면 '앗, 뜨거!' 라는 신호와 함께 손을 떼게 된다. 이때 우리 뇌는 행동을 제어해 통증에서 벗어날 뿐만 아니라 통증을 완화하는 세로토닌 같은 통증조절물질을 분비하게 되며, 다음부터는 뜨거운 냄비를 조심할 수 있는 경험까지 아로새기게 된다.

우리 전통의학에서는 "통痛이 통通이다" 라는 말이 있다. 해석하면 "아프면 뚫린다" 는 의미다. 질병은 결국 인체의 독소나 노폐물이 배

출되지 못해서 생긴다. 이때 통증은 체내에 굳어 있는 노폐물과 독소가 분해되어 외부로 배출되면서 발생하는 현상으로 오히려 질병 치료에 도움이 되는 것이다. 이런 견지에서 한의학에서는 나병이 무서운 이유를 아픔을 느끼지 못하기 때문이라고 했다. 전통적인 나병 치료는 환자의 아픔을 회복시켜줌으로써 증상을 완화하는 것이 기본이었다. 즉 아픔이 너무 적다면 그 회복 역시 더딘 것이며, 아픔을 느끼게 해줌으로써 오히려 회복의 길을 열 수 있는 셈이다.

이제 통증은 자연치유력의 중요한 요소임을 알아야 한다. 따라서 갑작스러운 통증이 나타났다면, 인체의 조직 손상이나 과도한 피로, 질병의 전조 등을 나타낸다는 점을 알고, 우리 몸이 휴식을 통해 충분한 치유를 진행할 수 있도록 노력해야 하며, 몸을 되살리는 치료를 병행해야 한다. 이처럼 적절한 대처만 한다면 통증은 오히려 질병을 자각하도록 하는 훌륭한 파수꾼이 되며, 근본적으로 우리 몸을 치유하는 의사가 될 수도 있다.

의학은 크게 현대의학(증상의학)과 통합의학(원인의학)으로 구분할 수 있다. 현대의학은 다른 말로 대증요법의학(allopathic medicine)이라고 칭하는데, 대증요법의 특징은 전신치료보다는 국소적인 증상을 억제하거나 없애는 것에 초점을 맞춘다는 것이다.

반대로 통합의학은 병이라는 것은 결국 전신적인 문제이며, 증상의 완화보다는 근본 원인을 제거해야만 완치가 가능하다는 이론 하에 화학약품의 사용을 절제하고 식생활 관리, 생활 관리 등의 다양한 요법들을 동시에 사용한다.

통합의학과 현대의학의 차이

구 분	자연요법	화학요법
성질	따뜻함	차가움
체온	상승	저하
특성	전체 치유	부분 치유
반응	호전반응	부작용
기간	장기간	단기간
독성	없음	있음

자연치료라고도 불리는 통합의학은 기본적으로 전체적인 관점에 의거한다. 인류가 질병이라고 부르는 질환에는 크게 우리 신체의 외부요인이 침투해서 오는 감염성 질환과 내부요인의 부조화에서 오는 만성질환 즉 생활습관병이 있다는 것이 통합의학의 관점이다. 실로 이 분류법을 기준으로 현대인들이 앓고 있는 질환의 경향을 분석해 보면, 세균이나 바이러스에 의해서 발병하던 감염성 질

환은 현저하게 감소했고, 대신 만성퇴행성 질환이 증가하고 있다. 또한 이것은 비단 선진국 뿐만 아니라 우리나라와 지구촌 대부분의 국가에서 벌어지고 있는 현상이다.

이 같은 현상은 한 가지 사실을 말해준다. 1940년도 부터 눈부시게 발전한 현대 의학은 화학약물과, 수술, 방사선으로 대변되는 대증요법(증상의학)으로 더이상 탁월한 기능을 발휘할 수 없게 되었다는 점이다.

이를 증명이라도 하듯이 현재 지구촌에서 자연의학을 이용하는 의사들이 늘어나고 일부 국가는 그 사용률이 70%에 이를 정도이다. 특히 이는 선진국일수록 더 그러하고, 나아가 WHO(세계보건기구)에서도 각국에서 통합의학적인 원인치료를 적극 이용하도록 권장하고 있을 정도이다.

3. 만병의 근원을 찾아서

　지금까지 수많은 의학자들이 질병의 원인과 치료법을 연구해왔다. 이들이 주목한 질병의 원인들은 수백, 수 천 가지가 넘지만 최근 동서양을 불문하고 수많은 의학자들이 만병의 근원이 되는 세 가지 원인에 주목하고 있다. 다음의 세 가지 현상들은 기본적인 인체 면역 시스템을 파괴하는 주범으로써 평생 동안 주의하고 개선해 나가야 할 사항들이다.

1) 저체온

　우리 인체 온도는 일정하게 유지되어야 한다. 면역력도 마찬가지다. 면역계의 군대라고 할 수 있는 백혈구와 소화 시스템은 체온에 큰 영향을 받는데, 체온이 1도 내려가면 대사 기능의 12%, 면역력의 30%가 감소한다는 연구 결과가 있다. 뿐만 아니라 냉증은 만병의 근

원이 되기도 한다. 한 예로 감기는 우리 몸의 체온이 낮아질 때 걸린
다. 비단 가벼운 질병인 감기뿐만 아니라 암과 당뇨병, 고혈압 등도
마찬가지이다. 우리 몸은 다양한 이유로 인해 체온이 저하되면서 세
포 활동이 둔해지고, 나아가 노화와 질병을 방어해주는 자연치유와
해독작용이 둔해지기 때문이다. 우리가 여름보다는 겨울에 뇌졸중,
감기, 고혈압 등 더 많은 질병에 노출되는 이유 중에 하나다.

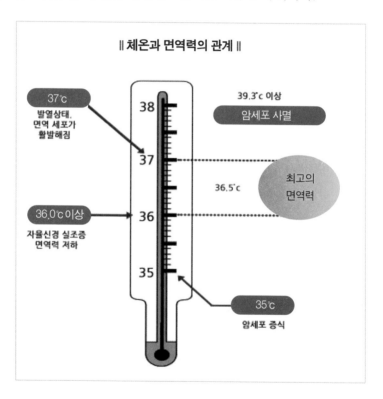

‖ 체온과 면역력의 관계 ‖

37℃
발열상태,
면역 세포가
활발해짐

39.3℃ 이상
암세포 사멸

36.5℃

최고의
면역력

36.0℃ 이상
자율신경 실조증
면역력 저하

35℃
암세포 증식

현재 우리는 지나치게 차가운 생활환경에 익숙해져 있다. 여름이면 에어컨을 틀고 냉장고에서 언제든지 찬 물을 마실 수 있다. 하지만 이 같은 차가운 생활환경은 결과적으로 면역력을 떨어뜨리는 강력한 원인이 되는데 바로 장내 환경의 변화 때문이다.

우리의 장기, 그 중에서도 소장은 면역 시스템에서 가장 규모가 큰 장기이다. 소장은 식도와 위와 십이지장을 통과한 음식물이나 이물질이 마지막으로 도달하는 곳으로 우리 몸 전체의 면역 세포 중에 무려 80%가 이 장관에 자리 잡고 있기 때문이다. 그리고 여기에서는 우리가 먹은 음식물과 함께 섭취한 각종 세균과 바이러스, 독소 등을 제거하고 유용한 영양분을 흡수하는 중요한 작용을 한다.

이처럼 소장은 면역 시스템의 가장 중요한 역할과 더불어 신진대사 전체를 담당하므로, 혹자는 '인간은 장腸으로 만들어졌다' 고 표현하기도 한다.

따라서 면역력을 높이려면, 소장 상피세포와 미생물의 발란스를 정상으로 유지하는 것이 무엇보다 중요하다. 예를 들어 찬물이나 항생제 첨가물이 가득한 가공식품을 먹는 경우 우리의 장은 차가워지게 된다. 이때 융모안의 모세혈관과 암죽관의 흐름이 떨어지면서 면역 시스템이 원활히 작용하지 못하고 다량의 세균 바이러스와 독소 유입으로 각종 염증과 면역과민반응, 혈관림프관의 문제를 가져온다.

때문에 평소 몸이 쉽게 차가워지는 사람은 항상 몸을 따뜻하게 하고 한기가 들지 않게 주의해야 한다. 소화가 안 되거나 갑작스러운 경직 등을 느낄 때는 온열과 햇볕을 쐬는 것도 좋은 방법이다.

이거 알아요? **체온을 유지하는 방법**

암 치료 시 자연치유와 기능성식품의 섭취 역할은 망가진 면역력을 회복하는 것이다. 그 첫 단계는 바로 몸의 온도를 높이면서 발열을 일으키는 것인데 수많은 연구에 의하면 우리 몸의 온도가 1도 올라가면 면역력이 5~6배 증가한다고 한다. 이렇게 몸의 온도를 따뜻하게 유지하면서 암세포를 공격하는 임파구가 증가하고 그 활동이 활발해지면서 암 조직이 소멸되고 죽은 세포들과 병의 원인들이 배출되게 된다.

● 스트레스를 없애는 일도 중요합니다. 저체온을 유발하는 가장 큰 원인 중의 하나는 바로 스트레스입니다.

● 체온을 높이려면 소식해야 합니다. 특히, 과식은 혈액을 위장에 집중시켜 다른 장기에 혈액이 원활하게 돌지 않아 체온이 떨어지게 됩니다.

● 배를 따뜻하게 해야 합니다. 배를 노출하거나 찬 음식을 먹으면 체온이 쉽게 떨어집니다. 손과 발을 따뜻하게 하는 것도 마찬가지로 중요합니다.

● 반신욕이나 족욕, 따뜻한 차 등을 이용해 평소 열을 내고 유산소 근력운동을 하여 땀을 배출하는 습관을 들이는 것이 좋습니다.

● 충분한 휴식과 수면이 필요합니다. 휴식과 수면은 부교감 신경을 활발하게 하고 뇌파를 알파파로 만들어 줍니다.

● **참고로 알아두세요.**
체온이 1℃ 떨어지면 면역력 30% 저하,
체온이 1℃ 떨어지면 신진대사 12% 저하,
체온이 35℃이면 신진대사 50%저하,
체온이 36.5℃에서 1℃상승하면 면역력이 5배 증가된다.

2) 생활 습관

최근 생활습관병의 공포가 커지고 있다. 생활습관병이란 말 그대로 올바르지 못한 생활습관으로 발생하는 질병으로 암과 당뇨, 비만, 뇌혈관질환, 고지혈증, 심장질환, 자가면역질환 등이 여기에 해당된다. 일본의 경우 생활습관병이 사망 원인의 60%를 차지할 만큼 심각하며, 이는 우리나라도 예외가 아니다. 현대인들 대부분은 불규칙한 식사와 운동 부족, 음주와 흡연, 사회 생활 속에서의 스트레스를 겪기 때문이다. 또한, 이 생활습관병에 무서움은 우리 몸이 보내는 긍정적인 신호를 알아채지 못한 상황에서 온다는데 있다. 무심코 먹은 음식, 잘못된 생활습관 등이 원인이 되는 만큼 누구나 이 질병의 대상이 될 수 있는 것이다.

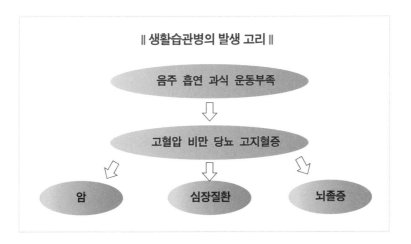

‖ 생활습관병의 발생 고리 ‖

음주 흡연 과식 운동부족

⇩

고혈압 비만 당뇨 고지혈증

암   심장질환   뇌졸증

특히 생활습관병 중에 무서운 것이 고지혈증, 비만, 고혈압, 당뇨병인데, 이 네 질병은 단독으로 머무르지 않고 다른 질병을 발생시키기 때문이다. 이 네 위험 요인 중에 한 가지만 앓고 있더라도 나머지 3가지 질병을 함께 앓거나 또 다른 질병들까지 찾아올 위험이 높아진다. 한편 생활습관병은 생활 습관만 바로 잡아도 90% 이상 예방이 가능하다는 점에서 조기예방이 가능한 병인만큼 평상시 자신의 습관을 점검해보는 것이 특히 중요하다.

3) 혈액의 오염

수천년 전부터 동양의학에서는 모든 병이 혈액의 오염에서 시작된다고 보았다. 사극 등의 역사물을 보면 의원들이 병자를 두고 "어혈이 많이 쌓였다"고 진단 내리는 것을 종종 볼 수 있는데 이것은 몸속에 노폐물이 쌓여 혈액이 고여 막혀 있음을 의미한다. 즉 혈액이 더럽고 끈적끈적하다는 뜻이다.

혈액은 인체 순환의 중요한 물질로 각각의 세포에 영양과 산소를 공급하고 노폐물을 배출한다. 그런데 이 혈액이 더러워지면 혈류가 망가지면서 몸이 차가워지고, 낮아진 체온으로 인해 백혈구의 힘, 즉 면역력이 약해질 수밖에 없다. 습진과 염증, 당뇨, 고혈압 또는 암 세포도 이렇게 나빠진 혈액에서 오염 물질을 배출하기 위해 만들어지는 것이다.

이런 혈액 오염을 발생시키는 대표적인 원인은 냉증이다. 냉방, 과도한 냉수 섭취, 몸을 차게 하는 가공식품 섭취 등으로 몸이 차가워지고 오염 물질 배출이 더뎌지면서 피가 점차 더러워지는 것이다. 이럴 때 신체는 코피나 잇몸 출혈, 치질 등으로 오염된 피를 배출해 몸을 정화하려 한다.

한 예로 여성들은 50세 가까이 생리를 하며, 평생 생리하는 기간을 다 합치면 총 7년이다. 이는 자연적인 오염된 혈액 배출 과정으로서 여성이 남성보다 7세 이상 장수하는 것과 맞아떨어진다.

혈액이 오염되어 어혈이 생기는 경우 심근경색, 뇌졸중 등의 돌연사 가능성이 월등이 높아지는 만큼 평소에 혈액을 깨끗이 하기 위한 올바른 습관을 가지는 것이 매우 중요하며, 특히 남성들은 흡연과 음주 등이 만연한 주변 환경에 신경 써야 한다.

흔히 물을 많이 마시면 독소를 배출할 수 있다고 믿는다. 하지만 혈액 내의 콜레스테롤, 요산, 단백질 등은 물만 마신다고 소변으로 배설되지 않는다. 물은 지용성 성분을 분해하지 못하고 신장은 혈액을 여과시키면서 몸에 필요한 지방과 단백질 등은 재흡수 해버리기 때문이다. 오히려 과다한 수분은 혈액 농도를 유지하기 위한 생체항상성 기능을 발휘시켜 과도한 수분을 배출하게 되고, 이로써 부종이 발생할 수 있다.

즉 몸 안의 콜레스테롤과 여분의 지방과 노폐물들은 충분한 수분공급과 더불어 그에 걸맞은 디톡스 방법을 찾을 때만이 제거할 수 있다.

일상에서 물은 언제 마시는 것이 좋은가?

1. 가장 적절한 시간은 음식을 먹기 30분 전이 좋다.
2. 목이 마를 때 마신다.
3. 식후 2시간이 지난 뒤 마신다.
4. 아침에 일어나자마자 미지근한 물을 마신다.
5. 운동하기 전 마심으로써 땀의 배출을 도모한다.

※ 식사 중에는 물을 삼가한다.

4. 내 몸에 독소 얼마나 쌓여 있나?

> **✳ 이것만은 알고 넘어가자 : 내 몸은 얼마나 독소에 중독되어 있을까? ✳**
>
> 다음의 항목들 중에 자신에게 해당되는 것에 동그라미를 쳐봅시다.
> 동그라미가 많을수록 독소 수치가 높은 것이므로 디톡스 실행에 더욱 적극적
> 이어야 합니다.
>
> ▶ 담배를 피운다.
>
> ▶ 새 집에서 살고 있다.
>
> ▶ 라면이나 햄버거, 냉동식품 등 인스턴트식품을 주 3회 이상 먹는다.
>
> ▶ 고기에서 살코기보다는 기름진 부위를 좋아한다.
>
> ▶ 도시 생활을 한다.
>
> ▶ 방향제와 살충제, 곰팡이 살균제 등을 일상적으로 사용한다.
>
> ▶ 오래 앉아 있는 직업이다.
>
> ▶ 일상 속에서 스트레스를 많이 받는다.
>
> ▶ 버스나 자가용 등 운전하거나 차 안에 있는 시간이 많다.
>
> ▶ 회식이 잦고, 과식하는 일이 있다.
>
> ▶ 음식을 빨리 먹는다.
>
> ▶ 야채 없는 식단에도 거부감이 없다.
>
> ▶ 자극적인 음식을 좋아한다.
>
> ▶ 집안과 사무실 안에 화초가 없거나, 있더라도 건강하지 못하다.
>
> ▶ 냉장고가 꽉꽉 차 있어야 안심이 된다.
>
> ▶ 플라스틱이나 알루미늄 식기를 사용한다.

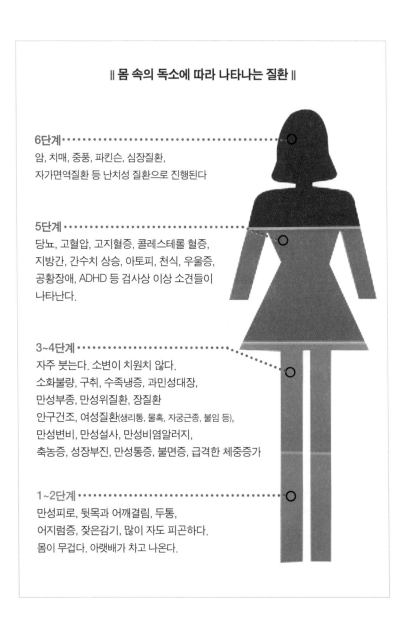

‖ 몸 속의 독소에 따라 나타나는 질환 ‖

6단계
암, 치매, 중풍, 파킨슨, 심장질환,
자가면역질환 등 난치성 질환으로 진행된다

5단계
당뇨, 고혈압, 고지혈증, 콜레스테롤 혈증,
지방간, 간수치 상승, 아토피, 천식, 우울증,
공황장애, ADHD 등 검사상 이상 소견들이
나타난다.

3~4단계
자주 붓는다. 소변이 치원치 않다.
소화불량, 구취, 수족냉증, 과민성대장,
만성부종, 만성위질환, 장질환
안구건조, 여성질환(생리통, 물혹, 자궁근종, 불임 등),
만성변비, 만성설사, 만성비염알러지,
축농증, 성장부진, 만성통증, 불면증, 급격한 체중증가

1~2단계
만성피로, 뒷목과 어깨결림, 두통,
어지럼증, 잦은감기, 많이 자도 피곤하다.
몸이 무겁다. 아랫배가 차고 나온다.

5. 장기 별 독소 배출 기능들

우리 몸의 세포에는 외부요인과 내부요인 등으로 생성된 다양한 피로물질과 유해물질이 포함되어 있다. 이럴 때 건강기능식품을 섭취하거나 자연치유를 받으면 세포와 혈액의 정화가 이루어지게 되고, 피가 잘 흐르면 혈액 속의 피로물질과 유해물질이 밀려나오면서 몸 안의 특정 부분, 또는 구석구석에 통증을 일으키게 된다.

한 예로 많은 환자들이 회복 과정에서 발열로 인한 통증을 느끼는데, 폐암의 경우는 기침과 가래가 더 심해지고, 방광암은 혈뇨를 보기도 하며, 대장암의 경우에는 혈변과 설사가 잦아지기도 한다.

다음 장에서는 자연치유나 건강기능식품 섭취 시 겪을 수 있는 우리 장기의 다양한 호전반응들이다. 잘 살펴보면 호전반응에 대한 보다 심층적인 이해가 가능할 것이다.

우리 면역 체계에는 자연치유력이 있다. 병원균을 퇴치하고 손상된 조직을 재생시키는 능력이다. 이것이 없다면 우리는 넘어져 무릎만 다쳐도 바이러스에 감염되어 그대로 죽을 수 있다. 독일광부전문병원의 수석전문의인 구스타프 드브스 교수는 인체가 질병 중에 약 60~70%를 스스로 치유한다고 밝힌 바 있는데, 이는 면역 체계가 강할 경우 왠만한 질병은 스스로 퇴치할 수 있다는 의미이다.

그렇다면 우리 면역 체계를 강화하는 방법은 무엇일까? 기본적으로는 올바른 식습관과 생활습관(규칙적인 운동), 나머지 하나는 호전반응이다. 면역력은 결코 외과적 수술이나 일시적인 치료, 화학약품으로 이뤄낼 수 있는 것이 아니다. 중요한 것은 인체 스스로 자신을 치유하는 강인한 자연치유력을 높여주는 일일 텐데 호전반응을 한 번 겪으면, 비온 뒤에 땅이 굳듯이 면역력의 단계도 올라갈 수밖에 없다. 다양한 디톡스와 부족한 영양소(건강기능식품)섭취 및 생활습관 교정으로 호전반응을 겪은 뒤 한층 건강해지는 이유가 여기에 있다.

1) 간

간은 인체에서 가장 중요한 해독기관으로서 오염된 혈액을 깨끗이 청소하는 역할을 한다. 인체 내에서 필연적으로 독소가 유입되거나 생성되는데 이때 간을 거치면서 일련의 화학반응을 통해 독성이 사라지거나 낮아지게 된다. 때문에 간이 정상적으로 활동하지 못하면 체내의 독소를 제거할 수 없게 된다.

간에 이상이 나타나면
- 식욕이 사라지고 입냄새가 심해지며 구토 증상이 나타난다.
- 입안이 마르고 소변 색이 진하고 탁해진다.
- 무기력증과 피로감이 심해지고 짜증이 나며, 주의력이 저하된다.
- 변비와 복부 팽창감, 소화불량, 메스꺼움을 느낀다.
- 대변 보기가 힘들어지거나 변 색깔이 변하고, 체중이 감소한다.

2) 신장

신장 또한 간과 더불어 독소를 배출하는 중요 기관이다. 혈액 독소는 물론이고 단백질 대사 이후에 발생하는 노폐물들을 여과해 소변으로 배출하는 기능을 한다. 신장과 부신에 문제가 생길 시 배뇨와

전립선, 여성 생리에 문제가 올 수 있다.

신장에 이상이 나타나면

- 소변이 묽고 잔뇨감이 심해지며, 야뇨증이 발생한다.
- 전신이 무력하고 허리가 무겁고 아프며 두통이 발생한다.
- 얼굴과 눈, 다리와 발이 쉽게 붓는다.
- 혈압이 증가하고 소변에 피가 섞여 나온다.

3) 폐

폐는 호흡에 중요한 기관으로서 산소는 마시고 이산화탄소를 배출하는 대사작용을 통해 기본적인 해독을 실시한다. 나아가 폐는 쉽게 독소가 쌓이는 장기이기도 하다. 우리가 숨쉬면서 들이키는 미세먼지와 배기가스, 그 이외 각종 독성물질들이 폐에서 여과되기 때문이다. 우리가 기침을 하는 것 또한 독소 배출의 현상으로 폐를 청소하는 효과가 있다.

폐에 이상이 나타나면

- 호흡이 힘들어지고 기침이 잦아진다.
- 흉통이 발생하고 기침 시 소량의 가래와 피가 나온다.
- 열이 나고 무력감을 느끼며 식은땀과 식욕부진이 올 수 있다.

- 메스꺼움을 느끼고 심장박동이 빨라진다.

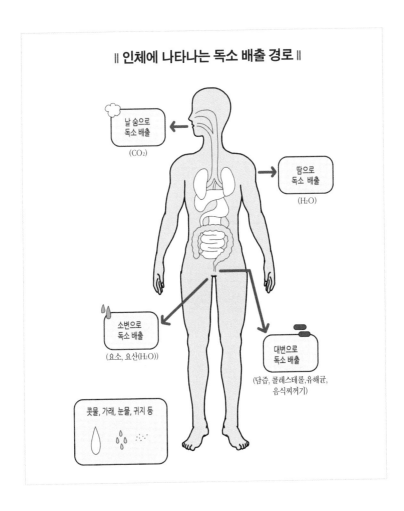

∥ 인체에 나타나는 독소 배출 경로 ∥

날 숨으로
독소 배출
(CO_2)

땀으로
독소 배출
(H_2O)

소변으로
독소 배출
(요소, 요산(H_2O))

대변으로
독소 배출
(담즙, 콜레스테롤, 유해균,
음식찌꺼기)

콧물, 가래, 눈물, 귀지 등

4) 위

위는 소화 작용을 하는 기관으로 음식물이 들어오면 각종 유해균을 살균하고 음식물을 분해하고 내보냄으로써 독소 배출을 돕는다. 하지만 소화불량이 발생하면 배출한 독소가 장시간 장에 머물러 다시 흡수된다. 이처럼 장내 독소가 많아지면 인체 노화가 빨라지고 각종 질병이 발생할 수 있다. 따라서 위가 건강해야 배변이 원활한 만큼 평소 소화를 돕는 음식을 자주 섭취하면 좋다.

위에 이상이 나타나면

- 신물이 넘어오고 속쓰림, 복통 등을 느낀다.
- 변비와 복부팽만, 트림, 구토, 식욕부진을 느끼며 만성적인 소화불량이 발생한다.
- 피부가 탄력을 잃고 여드름이 나오며, 피부 발진이 발행하기도 한다.
- 잦은 설사에 상복부의 불편감이 증가한다.

5) 림프

림프는 인체 면역력에 중요한 역할을 하는 기관으로 지용성 영양분 운송과 세포 노폐물을 림프관을 통해 여과해 배설기관으로 보내는 역할을 한다. 이런 작용은 림프를 이루는 림프 조직액이 잘 순환되어야 하는데, 이 순환이 원활하지 못하면 독소 배출이 어려워 문제가 발생한다. 림프 순환을 도우려면 적절한 운동과 면역력을 높이는 음식 섭취가 도움이 된다.

림프에 이상이 생기면

- 열과 식은땀이 발생하고 체중이 줄어든다.
- 관절통, 근육통 등 몸 이곳저곳에 간헐적인 통증이 나타난다.
- 간과 비장이 붓고 심하면 뇌막염과 결막염이 나타나기도 한다.
- 피부에 홍반이 나타나고 발진이 발생한다.
- 편도선이 붓거나 치주염이 발생한다.

6) 피부

피부는 근조직 보호, 호흡 외에 독소 배출에도 중요한 역할을 한다. 피부는 인체 대사로 발생한 물과 산, 염분, 암모니아 등을 땀으로 배출해 독소를 제거한다. 이런 피부 대사활동은 밤 10시부터 새벽 2시까지 가장 활발하므로 이 시간에는 충분한 수면을 취하도록 한다.

피부에 이상이 생기면

- 피부가 거칠고 칙칙해진다.
- 피부 주름이 짙어진다.
- 이마와 턱 등에 뾰루지나 여드름이 난다.

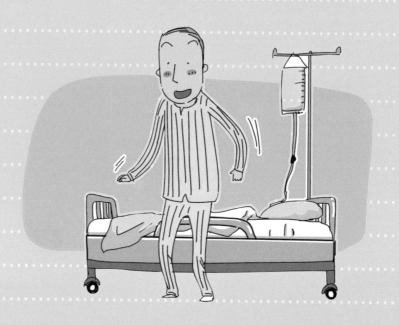

Part 2

회복과 호전반응의
메커니즘 집중 해부

1. 호전반응, 제대로 알아봅시다

우리 몸의 세포에는 다양한 피로물질과 유해물질이 포함되어 있다. 이럴 때 이를 회복하는 치유를 받으면 세포와 혈액의 정화가 이루어지게 된다. 이때 일어나는 현상이 바로 혈류의 회복인데 혈류의 회복은 피가 막힘없이 잘 흐르는 것을 의미한다. 그리고 피가 잘 흐르면 혈관의 확장이 일어나 유해물질이 밀려나면서 몸 구석구석 통증이 발생하는데 이를 호전반응이라고 한다.

즉 인체에 좋은 영양분을 섭취함으로써 인체 생체기능이 회복되고 좋은 방향으로 치유되기 위한 반응인 셈이다. 일반적으로 병의 증세가 가벼운 사람의 경우는 호전반응이 빨리 시작되고 빨리 끝나지만, 증세가 심각한 경우 뒤늦게 나타나 오래 지속된다.

따라서 호전반응은 중증인 사람에게 더 고통스러울 수 있으며, 처음에는 가볍게 나타나다가 점점 심해진 다음 차츰 사라지게 된다. 또한 사람에 따라, 병의 경중에 따라, 평소 몸 안의 독소량이 얼마나 되는가에 따라 제각각 발현 양상이 다르지만, 호전반응을 겪고 나면 반드시 몸이 가벼워지고 정신이 맑아지는 현상을 느낄 수 있으므로 긍정적으로 받아들여야 한다.

물론 사람에 따라 호전반응이 심해서 견디기 힘들 수 있는데, 그럴 때는 치료를 잠시 중단하거나 기능식품의 양을 줄이던가 사용을 멈춘 뒤 증세가 어느 정도 가라앉으면 다시 시작하도록 한다. 이 패턴을 몇 번 반복하면 호전반응도 점차 사라지고 제품 사용 전과 후를 비교했을 때 상당히 건강해진 것을 느끼게 될 것이다.

그래서 자신의 질병을 알고 있는 사람들은 물론 평소 자신이 건강하다고 생각했던 사람들도 자신이 겪는 호전반응들을 제대로 이해하지 못하는 경우가 많다. 아주 오래전에 경험했던 질병이나 상처가 도지기도 하고, 또는 평소에는 인식하지 못했던 잠재적인 질병이 드러나기도 하는데, 체내에 독소가 많거나 평소에 동물성 지방, 당분, 자극적인 음식물을 선호했던 사람, 식품 첨가물이나 화학적 약품 등을 많이 섭취했던 사람의 경우 잠재적인 질병자로서 호전반응이 더 강하게 일어나게 된다. 반면 체내 노폐물이 많지 않고 식생활이 건강한 경우에는 호전반응도 약하게 일어난다.

디톡스란 다양한 오염들로 인해 우리 몸에 쌓인 유해 독소들을 체외로 배출해 몸을 깨끗이 함으로써 질병과 싸워 면역력을 높이는 해독요법을 말합니다.

디톡스에는 대략 300가지 종류가 있는데, 최근 해독에 대한 관심이 높아지면서 많은 이들이 전문기관이나 가정에서 해독요법을 실시하고 있는 상황입니다.

디톡스의 핵심은 인체의 자연치유력의 증대에 있습니다.

피부에 상처가 났을 때 간단히 소독만 해주면 다시 새 살이 돋아 상처가 아무는 것처럼, 인체는 스스로 질병을 치료하고 예방할 수 있는 힘을 가지고 있습니다. 하지만 사람마다 이 자연치유력의 정도는 다릅니다.

건강한 생활습관과 식습관을 영위하는 사람은 면역체계가 튼튼한 반면, 오랫동안 불건전한 생활과 식습관을 유지한다면 면역체계가 약할 수밖에 없습니다. 즉 인체의 자연치유력도 통장의 잔고와 다를 바 없습니다. 헤프게 꺼내 쓰고 아낄 줄 모르면 반드시 쉽게 고갈되고 맙니다.

한편 건강한 생활습관과 식습관을 유지한다고 해도 우리 주변에는 면역력 잔고를 갉아먹는 다양한 요인들이 존재합니다.

바쁜 현대 생활에 필연적으로 따라오는 스트레스, 대기와 흙의 오염, 거주지의 오염 등 다양한 환경적 요소들이 우리의 면역체계를 위협합니다.

이렇게 내외부의 원인으로 독소들이 몸 안에 쌓이면 이것이 질병을 불러오는 것입니다.

반면 디톡스를 생활화하면 다양한 호전반응을 통해 독소들이 배출되어 인체의 면역력 균형이 다시금 되살아나게 됩니다.

2. 호전반응을 이해하는 5가지 키워드

  호전반응은 다양한 형태로 나타난다. 어떤 사람은 약하게, 어떤 사람은 강하게 나타나기도 한다. 발생 부위도 다양해서 두통, 복통, 관절통 등을 느끼기도 하며, 약한 감기몸살, 무기력증, 불면증 등의 형태로 나타나기도 한다.

  다음은 호전반응과 관련한 다양한 주목 사항들 중에서도 가장 핵심적인 부분들을 정리한 것이다.

  아래의 내용들에 해당하는 내용이 있다면 오히려 그 증상에 감사하고 몸을 다스리는 법을 실천할 때이다.

Keyword 1 : 체취에 주의하라

  사람은 각각의 체취를 가지고 있다. 사람마다 다를 수 있지만, 기본적으로 몸에 질병이 침입하면 가장 먼저 체취가 달라진다. 한 예로 위장이 좋지 않다면 위장에서 제대로 소화되지 못한 음식물이 소장에서 부패해(유해균증식)유해가스가 장점막을 통해 혈류에 스며들고 넘치면 역으로 입(구취)를 통해서 나오게 된다. 몸이 건강하다면 이를 제대로 해독해 몸 바깥으로 배설되지만 그렇지 못한 경우 냄새 물질 분해 능력이 떨어져 이것이 혈류를 따라 몸 전체로 퍼진다. 이 물질이 폐에 안착하면 날숨에서 구취가 되며, 땀샘을 통과하면 나쁜 체취로 변형된다. 숨 냄새와 체취만으로도 어느 정도 몸 상태를 알 수 있는 것이다.

나아가 건강기능식품을 섭취하면서 해독을 하거나 자연치유를 받을 경우 갑작스레 체취가 심해지는 경우가 많은데, 이는 몸 안의 독소들이 배출되는 자연스러운 과정이다. 일정 시간이 지나고 나면 체취가 다시 정상으로 돌아오는 만큼 크게 걱정할 필요는 없다.

Keyword 2 : 발진이 생겼다면

혈액이 오염되면 피부 역시 나쁜 독소를 배출하려고 기를 쓰게 된다. 그렇게 발생하는 것이 바로 두드러기, 발진, 습진, 뾰루지 등이다. 독소나 병균이 유입되면 면역 시스템이 가동되어 백혈구가 출동하게 되는데, 이 백혈구에게 위급성을 알리는 히스타민, 프로스타글란딘 등의 화학물질이 분비되고, 이것이 피부 조직에 영향을 미쳐 두드러기를 발생시키는 것이다.

피부에 발진이 생겼다고 무작정 항생제와 스테로이드제를 투약하는 것은 어리석은 발상이다. 이는 피부 질환을 하나의 증상으로만 본 것으로, 피부 질환을 치료하기 위해서는 무엇보다도 인체 면역 체계와 피부의 디톡스 역할을 먼저 이해해야 한다.

Keyword 3 : 당뇨병, 지방간도 독소가 문제다

몸 안에 독소가 쌓여 혈류를 방해함으로써 일어나는 많은 질환 중에서도 당뇨병은 치료가 매우 힘든 질환이다. 당뇨병은 가공탄수화물의 과다섭취로 췌장의 베타 세포에서 인슐린이 한꺼번에 많이 분비되다가 부족해지고 각종 스트레스로 노화되어 인슐린 분비가 어려워지고 세포막에 존재하는 인슐린리셉터가 줄어들어 발생한다. 지방간 역시 나쁜 지방이 간세포의 활동을 막아 생기는 질환이므로 독소 배출을 통해 혈류를 원활히 하는 것이 중요하다.

같은 음식을 먹어도 어떤 사람은 살이 찌고, 어떤 사람은 살이 찌지 않는다. 흔히 비만을 단순히 칼로리 문제로 보는 경우가 많은데, 비만 역시 독소와 큰 관련이 있다. 불규칙하고 불건전한 식습관으로 몸 안에 독소가 많이 쌓이면 인체 대사량이 저하되어 칼로리를 태우는 데 문제가 생긴다. 따라서 그저 칼로리를 제한하거나 굶는 방식으로는 결코 살을 제대로 뺄 수 없으며, 설사 빼더라도 반드시 요요현상을 겪게 된다.

현대의학에서도 비만을 하나의 질병으로 인정하는추세이다. 비만은 불균형한 영양 상태, 원활하지 않은 대사 작용, 독소의 축적 등과 큰 관련이 있음에도, 무조건 단기간에 절식을 하면 살을 뺄 수 있다고 믿는 것은 위험하다.

단언컨대 이는 결코 건강한 방법이 아닐뿐더러 효과도 오래 가지 않는다. 비만은 몸 안에 불필요한 독소가 쌓여 발생하는 현상이다. 따라서 몸 안에 쌓인 독소를 적절한 디톡스로 배출하고, 호전반응을 통해 몸을 자가치유한 뒤 비워진 몸에 건강한 영양소를 채워 넣는 일이 선행되어야 한다. 즉 다이어트는 살을 빼는 일이 아닌 독소(산화된 지방, 활성산소)를 빼는 일로 생각해야 한다.

Keyword 4 : 동맥경화와 고혈압의 진실

동맥경화는 혈관벽에 노폐물과 독소가 쌓여서 생기는 질환이다. 이처럼 혈관벽에 노폐물이 쌓이면서 좁아지면 심장이 더욱 강한 압력으로 혈액을 밀어내야 하는데, 그러면서 혈압이 높아져 고혈압이 된다. 이런 증상을 혈관확장제와 이뇨제로 치료한다는 것은 어불성설이다. 일시적으로는 증상이 개선되지만 혈액 오염은 그대로 남아 또 다시 혈관벽에 독소가 쌓이고, 나아가 이 독소가 뭉쳐 혈전이 되면서 급성 뇌졸중이나 심근경색을 일으키게 된다.

Keyword 5 : 출혈을 주목하자

동양의학에는 사혈이라는 치료가 있다. 나쁜 피를 빼서 혈류 흐름을 개선하는 치료법이다. 이는 독소가 가득한 피를 체외로 배출해 개선을 기대하는데, 실제로 인체는 독소를 배출하기 위해 일정한 출혈을 발생시키기도 한다. 한 예로 코피나 치질 출혈, 자궁출혈 나아가 위암의 토혈, 폐암의 객혈, 대장암의 하혈 등도 모두 독소 배출을 위한 것이다.

✴ 병이 없어도 호전반응을 겪는다 ✴

우리 몸은 항상 완벽할 수 없다. 중한 병을 앓고 있는 환자가 아닌 아무리 건강한 사람도 조금씩은 아픈 곳이 있게 마련이기 때문이다.
즉 호전반응은 질병을 가진 환자들만 겪는 것이 아니며, 일상적인 건강 문제로 인한 노화된 세포와 독소를 걸러내고 새로운 세포를 만들어내는 모든 사람들에게 해당된다.

3. 증상별 호전반응

    다음은 호전반응으로 나타나는 다양한 증상들을 정리한 것이다. 각각의 증상들마다 원인이 다르며, 그 이유들이 존재한다. 다음의 증상들을 미리 알아둔다면 갑작스러운 호전반응에도 의연하게 대처할 수 있을 것이다.

▶ **설사**
- 체내에 쌓인 노폐물과 독소가 체외로 배출되는 현상
- 병든 장부의 기능이 재생되고 세포가 활성화되는 과정
- 위와 비장, 소장이 약한 사람에게 많이 발생

▶ **갈증**
- 장기 기능이 살아나면서 독소와 노폐물을 배출하기 위해 수분 필요성이 증가함
- 이때 충분한 수분 섭취가 매우 중요함

▶ **변비**

• 대장 활동이 약하고 체온이 저하된 사람에게 발생

▶ **발열**

• 고혈압, 신장염, 신경장애 환자들에게 다수 발생

▶ **혼절**

• 간경화가 심하거나 말기 암 환자의 경우 일시적으로 깊은 잠에
빠지거나 혼절하는 경우가 있는데, 이는 다량의 활성산소와
아드레날린 분비(교감신경흥분)로 뇌신경 활동이 둔화되기 때문

▶ **오한, 몸살**

• 면역체계가 독소와 싸우면서 피부와 근육 혈액량이 줄어들어
체온이 떨어짐

• 평소 혈액순환이 나빠 손발이 찬 사람의 경우 더 많이 나타나며,
주기적으로 반복되는 경향이 큼

• 암, 성인병 환자의 경우 반드시 이 과정을 여러 번 겪어야 함

• 독소 해독 시 신경계 자극으로 오히려 체온이 40도 가까이
오르기도 함

▶ 두통
- 체질 개선에서 거의 모든 환자들에게 따라오는 증상
- 일시적인 혈액 오염으로 뇌 신경계가 독소에 자극 받아 발생함
- 오장육부가 개선되면 뇌에 영양소와 산소 공급이 원활해져 잠잠
  해짐

▶ 졸음, 권태감
- 건강 개선 과정에서 일시적으로 뇌와 신경계가 무력해져 발생함
- 중증 환자일수록 장기간 발생함

▶ 흉통, 가래, 각혈
- 폐의 질병이 치유되는 과정에서 호흡이 빨라지며 가슴이
  답답해짐
- 만성기관지염이나 폐렴, 폐암, 천식, 흡연 환자의 경우 가래나
  각혈을 함
- 폐가 재생되는 과정에서 노폐물이 떨어져 배출되는 현상

▶ 새치
- 폐나 간, 신장 기능이 호전되면서 두피의 병든 부분에 독소가 밀
  려 올라오면서 백발이 증가

▶ **소변 악취, 단백뇨, 혈뇨**

- 당뇨가 개선되면 췌장에서 인슐린이 분비되면서 세포 속에서 독소와 노폐물이 배출되면서 단백뇨와 혈뇨 방출
- 성인병 환자의 경우 피와 함께 붉은 소변을 보기도 한다
- 일정 기간이 지나면 자연스럽게 사라짐

▶ **안구 충혈, 눈곱, 눈물, 시력저하**

- 간 기능 이상 환자에게 많이 발생

  → 간이 나빠지면 검은자가 탁해지고 흰자위와의 경계가 불분명해지며 시력이 저하됨

- 충혈은 배출하기 시작한 노폐물이 혈류 정체 부위에 쌓이면서 발생
- 눈곱과 눈물은 노폐물 배출을 위한 것으로 일시적으로 발생했다 사라짐

▶ **부종**

- 신장 기능이 부실할 경우 신장 기능이 회복되기 전에 나타나는 과도기적 현상

▶ **여드름**

- 간 기능이 되살아나면서 지방이 배출되어 일시적으로 여드름이 증가하지만 시간이 흐르면 개선됨

▶ **두드러기**
- 위장의 독소나 노폐물이 배출되어 피부로 올라오면서 나타남
- 평소 육류 섭취가 많고 가공식품을 즐겨 먹은 경우 심한 피부 발진과 두드러기 등이 오랫동안 지속됨

▶ **궤양 부위의 통증**
- 장의 점막이 복구되면서 일시적으로 통증이 악화됨

▶ **요통, 관절통, 신경통**
- 성인병 환자의 경우 대부분 요통을 동반하며 신경통 환자의 경우 죽어 있는 신경과 근육이 살아나면서 통증이 나타남

▶ **빈혈과 현기증**
- 오장육부가 개선되면서 일시적으로 뇌에 산소와 영양이 부족해 빈혈이 나타남
- 간경화나 암 환자, 성인병 환자들의 경우 격심한 현기증이 나타남

▶ 코피

- 비장, 심장, 신장 기능이 원활하지 못했을 경우 혈관이 약해지고 어혈이 배출되면서 코피가 발생함
- 중증의 경우 코피가 다량 배출되지만 시간이 지나면 자연히 멈춤

▶ 생리통

- 난소에 잠재된 독소가 탈락하여 일시적으로 신경계를 자극해 통증이 수반됨

▶ 혈변

- 간경화, 간암, 장 질환 환자의 경우 지방 덩어리와 노폐물이 배출되면서 피와 고름이 함께 대변으로 나옴

▶ 하혈

- 자궁과 질을 통해 어혈이나 독소가 다량 배출됨

▶ 정서 변화

- 몸이 정상화하면서 불안, 흥분, 무력감이 당분간 지속될 수 있음

‖ 호전에 따른 증상 ‖

명 칭	증 상
발열	갑자기 열이 올라 정상 체온을 넘게 되는 발열은 백혈구의 활동에 의한 것이다. 그간 움츠리고 있던 백혈구가 다시금 세균과 맞서 싸우거나 노폐물을 제거하면서 나타나는 반응이다.
설사, 구토	배설과 관련된 증상으로 이는 이물질을 급속히 제거하기 위한 반응이다. 위장 기능이 약하거나 예민한 사람, 체내 효소가 부족하고 섬유질을 부족하게 섭취하는 사람의 경우 특히 속이 더부룩하고 소화가 안 되고 설사가 잦다.
경련	인체의 특정 부위 이상으로 미네랄 부족과 혈액 순환이 원활하지 않을 경우, 피를 순환시키기 위해 일시적으로 나타난다.
속 더부룩함	음식물을 소화하고 흡수하는 과정에서 발생하는 암모니아 가스가 배출되면서 발생하는 현상이다.
잦은방귀	산성 체질인 사람은 심각한 혈액의 산성화로 혈액의 질이 낮아지면서 자주 피로와 졸음을 느끼게 된다. 이때 장기 기능을 회복하면서 방귀가 잦아질 수 있다.

명칭	증상
피로, 근육통, 노곤함	몸의 노폐물과 독소 물질을 밖으로 배출하는 과정에서 유독 가스가 혈액에 녹아들어 뇌, 근육에 통증을 유발할 수 있다.
두통	체내에 수분이 부족하거나 위장 기능이 약해서 소화가 잘 안 될 때 발생하는 증상이다. 이때 수분과 함께 효소와 유산균을 충분히 보충하면 장운동이 활발해지면서 두통을 일으키는 장내의 유독 가스가 줄어들게 된다.
변비	체내 수분 대사가 정상화되는 과정에서 일시적으로 수분을 보충하기 위해 나타나는 현상이다.
부종	체지방이 급격히 감소하거나 호르몬 대사 이상이 회복되면서 호르몬 균형이 이루어지는 과정에서 발생한다.

4. 질환에 따른 호전 반응

▶ **산성 체질일 때**

: 졸음이 심해지거나 혀끝과 목에 갈증을 느끼고, 소변과 방귀가 잦아진다. 복부 팽만감이 오기도 한다.

▶ **고혈압일 때**

: 머리가 무겁고 어지럼증이 찾아온다. 이 같은 상태는 1~2주까지 지속되면서 무기력증이 찾아오기도 한다.

▶ **당뇨병일 때**

: 일시적으로 소변 양이 많아지고 손발이 붓는다. 배설하는 당분 양이 많아지고 무기력증을 겪을 수 있다.

▶ **빈혈이 있을 때**

: 여성의 경우 코피가 잦아질 수 있고 갈증을 느낀다. 숙면을 취하

지 못하고 꿈이 많아지며 윗배에 더부룩함이 나타날 수 있다.

▶ 소화 기능에 문제가 있을 때

: 명치끝이 답답하거나 뜨겁게 느껴진다. 음식을 섭취할 때 명치에 통증이 느껴지기도 하며, 속이 더부룩하고 구토 증세가 나타날 수 있다.

▶ 배변 기능이 약할 때

: 설사가 잦아질 수 있다.

▶ 만성 피로가 있을 때

: 구토 증세가 나타날 수 있고 피부에 가려움이나 물집이 생길 수 있다. 배변 시에 혈변이 나오는 경우도 있다.

▶ 소변이나 생리 기능에 이상이 있을 때

: 얼굴에 물집과 여드름이 나기도 하며, 다리가 붓기도 한다.

▶ 혈당 조절에 문제가 있을 때

: 배설 시 배설물에 당분 양이 많아지고, 손발이 붓거나 무기력증이 찾아올 수 있다.

▶ **치질이 있을 때**

: 배변 시 혈변을 볼 수 있다.

▶**여드름이 심할 때**

: 초기에는 여드름이 더 심해지다가 급격히 사라질 수 있다.

▶**기관지가 약할 때**

: 갈증과 어지럼증, 구토 증세가 올 수 있고, 가래가 쉽게 나오지 않는 현상이 나타날 수 있다.

▶ **폐에 이상이 있을 때**

: 갈증, 구토, 어지럼증이 나타나고 가래가 많아지며, 짙은 빛의 가래가 나올 수 있다.

▶ **정신적 스트레스가 심할 때**

: 수면을 취하기가 어렵고, 불안과 흥분 상태가 지속될 수 있다.

▶ **장 질환이 있을 때**

: 병의 정도나 양상에 따라 차이는 있으나 설사가 잦아지는 경우가 많다.

▶ 간 기능이 약할 때

 : 구토 증세와 피부에 가려움과 물집이 생길 수 있다.

▶ 신장이 약할 때

 : 체내의 단백질 양이 감소하고, 얼굴에 수종이 나타나고 다리에는 부종이 올 수 있다.

▶ 신경통이 있을 때

 : 환부에 통증이 느껴지고 팔다리가 저린 증상이 올 수 있다.

▶ 수술을 받고 난 뒤일 때

 : 수술 부위의 부종이 오고 통증이 심해질 수 있다.

호전반응으로 허리 디스크를 치료하다

Z씨는 허리 통증으로 몇 년을 앓았다. 그때마다 정형외과를 찾아 주시를 맞고 물리치료를 받았고, 한의원에서도 셀 수 없이 많은 침을 맞고 한약을 먹었지만 몸으로 일하는 직업을 가진 그로서는 쉴 수가 없었고 그러다 보니 증상도 계속해서 악화 일로를 걸었다. 그러던 2007년부터는 허리뿐만 아니라 엉덩이, 한쪽 다리까지 저리기 시작하면서 5분 이상 걷기 힘들어 계속 앉아서 쉬기를 반복해야 했다.

병원에서 허리 사진을 찍어보니 '디스크 협착증'이라고 했다. 가까운 지인과 이웃들은 수술을 하라고 권했지만 Z씨는 몸에 칼을 대는 것을 거부했다. 행여 잘못될 경우 평생 고생하고 계속 병원을 들락대야 한다는 것을 잘 알았기 때문이다. 그래서 Z씨는 3개월 물리치료를 택했지만 2개월이 지나도 별 차도가 없었고, 이후 1주에 한번씩 허리 주사를 맞을 때마다 다리가 30분씩 마비되어 다리가 풀려야 집에 오곤 했다.

그러던 어느 날 버스를 타고 병원을 가는데 이웃 아파트에 사는 한 지인이 그 이야기를 듣고는 건강기능식품 하나를 꼭 한번 먹어보라고 권했다. Z씨는 우연찮게 인연을 맺은 그 건강기능식품을 곧바로 섭취하기 시작했다. 그리고 5개월 후 처음에는 별 차도가 없다고 느꼈는데 어느 날, 생각지도 못한 일이 벌어졌다. 아팠던 허리가 더 아프기 시작한 것이다. 그래서 기능식품을 권한 지인에게 물어보니 증상이 좋아지는 현상인 호전반응이며, 그 아픔을 참아야 몸이 낫는다는 대답이 돌아왔다. 당시 Z씨는 더는 물러설 곳 없는 벼랑 끝이었다. 따라서 그 말에 아픔을 견디며 오히려 먹는 양을 늘려나가기 시작했다. 그러자 놀랍게도 가장 아팠던 허리가 가장 먼저 좋아지기 시작했다. 이어서 엉덩이와 다리 저림도 놀랄 만큼 좋아지기 시작했다. Z씨에게 이제 길을 나설 때마다 저기까지 어떻게 걸어가나 늘 걱정하던 모습은 먼 과거의 일이다. 현재 그는 빨리 걷지는 못해도 무리 없이 걷고 서 있는 자신의 건강에 감사하며 지내고 있다.

혈액의 종양을 제거해 준 호전반응

F씨는 위장병과 만성위염, 수술 직전의 치질과 안면마비를 앓고 있었지만 딱히 치료법을 찾지 못한 상황이었다. 그렇게 병을 안고 키우고 있을 때 2007년 10월 갑자기 심한 어지러움 증세가 찾아왔다. 조금 있으면 가라앉을 것이라고 생각한 F씨는 증상이 점점 더 심해지다가 중풍과 비슷한 증세가 나타나자 더럭 겁이 났다. 자신도 모르게 몸에서는 기운이 빠지고 입에서는 침이 흐르고 혀가 굳어지기 시작했다.

결국 F씨는 가끔 침을 맞던 한의원을 찾았다. 진단 결과는 청천벽력이었다. 오랜 만성병으로 인해 전신의 반에 중풍이 왔다는 것이다. 급히 혀와 온몸에 침을 놓았지만 아무 효험이 없었고, 이튿날에는 종합병원 신경과를 찾아 여러 검진을 받았지만 놀랍게도 여기서는 또 아무 이상이 없다는 결과가 나왔다.

그렇게 F씨는 무려 두 달이 지나도록 병명을 찾지 못해 혈액종양과로 옮겨 처음부터 다시 검진을 받았고, 3주 후 더 무서운 결과가 나왔다. 바로 혈액 암 진단이었다. 깊은 좌절에 빠져 집에서 지내기를 며칠, 그러다가 F씨의 장녀가 건강기능식품을 챙겨서 그를 찾아왔다. 아버지는 아무 걱정 말고 이것만 드시면 낫는다는 믿음을 주며 F씨에게 빠지지 말고 섭취하라는 말을 남겼다. F씨는 반신반의하면서도 딸의 정성이 고마워 기도하는 마음으로 기능식품을 먹었고, 그렇게 3주가 지나 담당 의사를 찾아가 검사를 받았는데 놀랍게도 암 수치가 많이 떨어졌다면서 좋은 결과라고 기뻐했다.

그런데 얼마 뒤 다시 놀랄 일이 일어났다. 어느 날 아침에 일어난 F씨는 입술이 축축해서 문질러 보니 코피가 흥건하게 흐르고 있는 것을 발견했다. 게다가 하루가 아니라 4일 동안 코피 흐름이 계속되자 겁이 나기도 했다. 심지어 변을 보고 나면 변기 안에도 작은 피 덩어리가 가득했다. 깜짝 놀란 F씨는 딸에게 전화를 했고 F씨의 딸은 그것이 몸이 좋아지는 호전반응이라며 그를 진정시켰다.

딸의 말은 틀리지 않았다. 가장 먼저 F씨는 만성비염과 변비와 치질의 고통에서 벗어났다. 그리고 이후 반 년 뒤 재검사 결과 혈액 암이 완치되었다는 소식을 들었다. 매우 놀란 의사에게 지난 과정을 이야기했더니 처음 혈액 암 진단 후 3-4주부터 항암치료를 계획하고 준비했는데 수치가 떨어지기에 잠시 미루었고, 일시적인 현상일 것이 아닌가 의심했다는 말이 돌아왔다.

Part 3

건강기능식품
제대로 알려주세요!

1. 건강기능식품 바로 알기

건강식품 섭취와 함께 많은 이들이 건강에 도움이 되는 음식으로 질병을 예방하고 건강을 지키고 싶어 하고 있다. 이에 따라 수많은 제품들이 건강식품, 건강증진식품, 건강기능식품이라는 이름으로 출시되고 있다.

여기서 건강식품, 건강증진식품, 건강기능식품은 각각 어떻게 다를까? 이른바 건강식품, 건강증진식품이라고 불리는 일반 건강식은 몸에 좋다고 알려진 재료들로 만든 제품으로서 식약청 인증 등 주요 인증을 거친 제품들은 아니다.

건강식품의 3가지 종류

제품 종류	특 징
일반 건강식품	건강에 도움이 되는 재료를 원료로 해서 만들어진 제품
건강증진식품	건강 증진을 도와주는 원료들로 만들어진 제품
건강기능식품	건강 증진 효과를 인증 기관에서 과학적으로 인증 받은 제품

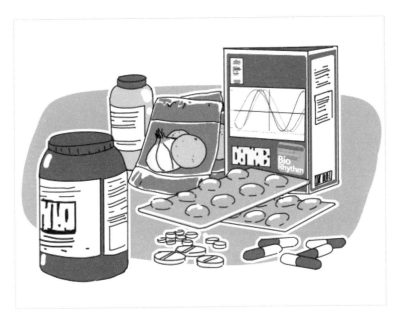

　이런 제품들은 만들어내는 제조사와 공정에 따라 품질에도 큰 차이가 있고, 종류도 많아 제대로 된 제품을 고르기가 쉽지 않다. 심지어 불법적으로 유통되는 제품들도 적잖은데 얼마전 홈쇼핑에서 대량 리콜 사태를 낸 하수오 제품 등이 그 직접적인 사례다.

　이런 제품들은 제각각 자신들의 제품이 좋다고 무분별하게 선전하는 대신 그 효능이 입증된 것은 아니므로 제대로 된 판단을 내리기가 쉽지 않다.

　그렇다면 진정한 건강 증진을 위해서는 어떤 제품을 찾아야 할까?

　일반 건강식품과는 달리 '건강기능식품' 이라는 표기를 한 제품은 유용한 기능성을 지닌 원료를 사용한 제품으로 정부 식약청으로부터 까다로운 심사과정을 거쳐 기능성과 안전성을 인정 받은 제품이다. 수많은 건강식품이 있지만 '건강기능식품' 이란 이처럼 식약청의 인증을 받아야만 쓸 수 있는 마크다. 수입품도 마찬가지라, 수입된 제품 중에서도 정부 인증을 받은 제품에만 '건강기능식품' 마크를 쓸 수 있다.

 **이거 알아요?** **인증마크 기능 무엇이 있나요?**

GMP - 품질보증을 위한 제조 및 품질관리가 우수한 업체에게 주는 마크.

KHSA - 한국건강식품협회의 기능성표시 • 광고심의위원회의 심의를 거쳐 평가한 제품 마크.

NSF - 미국국제위생 안전 인증을 관리 감독한 마크.

건강인증마크 - 식약처의 건강기능식품 규정에 따라 절차를 거쳐 만든 인증마크.

식품이력추적관리 - 제품의 제조부터 판매단계까지의, 과정의 이력을 추적하여 관리하는 시스템 인증마크.

코셔마크 (Kosher) - 유대인들이 안심하게 먹을 수 있는 식품 관리 규정에서 출발하여 무독성, 무농약, 무화학으로 이루어진 식품들에게 부여되는 인증 마크

2. 영양 정보 체크하기

　그렇다면 건강기능식품을 선택할 때 가장 주의해야 할 점은 무엇일까? 기본적으로 건강기능식품을 섭취하는 이유는 건강에 도움이 되는 성분을 섭취해 건강 증진을 도모하는 것과 다르지 않다. 그런 면에서 건강기능식품을 고를 때는 그 제품이 식약청에 등록된 제품인지, 등록되었다면 어느 정도 등급인지도 살펴야 한다.

　이런 정보들은 식약청의 건강기능식품 정보 홈페이지(www.foodsafetykorea.go.kr)에서 확인할 수 있다.

최근 들어 공인된 마크가 없는데도 대학병원이나 의약품제조업체 등에서 연구를 통해 개발했다며 효과를 강조하는 제품들이 적잖은 만큼 이 부분을 확인하는 것은 올바른 제품 구입에 중요한 요건이다.

＊ 식품안전 정보포털 페이지 ＊

같은 건강기능식품에도 종류와 등급이 있다. 제품들은 총 2가지로 나뉘는데, 고시형, 개별인정형이 있다. 고시형 제품은 개별인정형보다 그 효능이 크다고 알려진 편이며, 개별인정형도 각각 총 4등급으로 나뉜다.

질병발생위험감소가 한 등급, 생리활성기능이 1~3등급이다. 따라서 제품을 구매시에는 제조사를 통해 이중 몇 등급을 받았는지도 살펴봐야 한다.

마지막으로 건강기능식품을 고를 때 가장 중요한 것은 해당 제품의 성분을 꼼꼼히 살펴보는 것이다. 제품에 어떤 성분이 들어 있고, 그 성분이 나의 질병 예방에 어떻게 도움이 될지를 판단해야 한다.

아무리 좋은 성분도 내게 맞지 않는다면 소용없듯이 각 제품의 영양 구성을 정확히 살펴서 내게 가장 적합한 제품을 골라야 한다.

또 하나, 주요한 유효 영양 성분이 제품 성분 구성을 몇 퍼센트를 차지하는지도 알아야 한다.

좋은 성분을 제대로 섭취해 효과를 보려면 충분한 양이 제품에 포함되어 있어야 하며, 또한 과잉섭취의 우려도 없어야 하기 때문이다.

마지막으로, 건강기능식품을 고를 때는 혼합, 추출 등의 복잡한 과정을 거친 제품보다는 단순 가공한 제품이 더 안전하다.

가공과정에서는 필연적으로 식품 첨가물이 투입되기 때문이다.

위의 조건들을 꼼꼼하게 살펴본다면 나에게 맞는 제품 선택에 성공할 수 있을 것이다.

건강기능식품은 인체에 유용한 기능성을 가진 원료나 성분을 사용하여 정제 · 캅셀 · 분말 · 과립 · 액상 · 환 등의 형태로 제조 · 가공한다. 여기서 기능성이라 함은 인체의 구조 및 기능에 대하여 영양소를 조절하거나 생리학적 작용 등과 같은 보건용도에 유용한 효과를 얻는 것을 말한다. 그러나 이 좋은 건강기능식품도 어떻게 섭취하는가에 따라 그 효능이 달라질 수 있는 만큼 다음의 섭취 주의사항을 반드시 지켜야 한다.

첫째, 건강기능식품을 섭취할 때는 절대적으로 가공식품을 피하고 첨가물을 넣지 않은 자연식을 섭취해야 한다.

둘째, 섭취한 내용물이 체내에 신속하게 흡수될 수 있도록 위와 대장의 상태를 최적으로 만들어놓을 필요가 있다.

셋째, 필요한 기능식품을 섭취하고자 하는데 과민성이나 알레르기가 있을 경우 그것을 해결해야 한다.

이 3단계를 반드시 명심하고 건강기능식품을 선택하면 그 효과를 훨씬 높일 수 있으며 건강상태가 현저히 개선될 수 있다.

3. 국제인증마크 확인하기

건강기능식품이 홍수처럼 쏟아지는 요즘, 제대로 된 제품 찾기가 쉽지 않다. 제각각 자신의 제품이 최고라고 홍보하는 가운데 내게 맞는 제품을 찾는 일도 어려워진 것이다.

특히 국내 제품도 아닌 외국에서 수입된 제품일 경우 더더욱 옥석 구별이 힘든데 그럴 경우 이용해볼 수 있는 객관적 지표가 있다. 바로 국제 품질인증마크다.

국제 품질인증마크는 국제 유기농 공인 인증기관에서 부여하는 것으로 까다로운 심사를 통해 선별하는 것으로 유명하다.

다음은 대표적인 인증기관들의 마크들이므로 제품을 구입할 때 참조하도록 하자.

신뢰할 만한 국제 품질인증마크

USDA organic

유기농 원료로 만들어진 제품으로 미국농부무가 부여함

GMP

우수의약품 제조관리 기준을 말하며 WHO의 결의에 따라 미국, 독일, 일본, 호주 등 전 세계 의료 선진국에서 시행

NSF (미국 국가 위생국)

300명 이상 전문가의 심사를 통해 건강하고 안전한 제품에 대한 품질보증 마크 (WHO가 인정하는 유일한 품질인증기관)

UNPA

소비자에게 고품질의 천연제품을 공급하는 천연제품 공급 국제협회

TGA (호주의 GMP)

호주의 복지부 산하 의약품관리국에서 치유의 목적으로 생산되는 모든 의약품 및 건강식품의 제조에 관하여 인정받는 기관

IFOAM

세계적인 유기농업운동단체인 국제유기농업운동연맹에서 부여함

EU 유기농 인증마크

유기농 원료를 사용해야 부여함

PDR

71년간 매회 리뉴얼되어 만들어진 책자로 미국의학 협회가 참여해서 출간하는 책, 미국 내의 의사, 간호사, 약사들이 사용하는 의약품 및 건강기능식품에 대한 처방 정보들이 정리되어 있는 공신력 있는 약전

4. 건강기능식품 섭취 시 피해야 할 약과 식품

Case 1 --
프로바이오틱스 ≠ 항생제 · 한방성분 · 고혈압약

　프로바이오틱스는 체내에 들어가서 장 건강에 도움을 주는 살아 있는 균을 말한다. 프로바이오틱스와 항생제를 함께 복용할 경우 프로바이오틱스 활동을 저해할 수 있다. 또 유산균을 함유한 한방 성분이 들어간 약물을 함께 복용하면 프로바이오틱스 효과가 줄어든다. 이외에 고혈압약인 안지오텐신전환효소저해제(에날라프릴, 캅토프릴 등)의 작용을 증가시켜 혈압을 급격하게 낮출 수 있다.

Case 2 --
알로에 ≠ 강심제 · 이뇨제 · 부정맥치료제 · 코르티코스테로이드
　알로에가 들어간 건강기능식품을 강심제, 이뇨제, 부정맥치료제, 코르티코스테로이드와 함께 복용하면 체내 전해질 균형이 깨져 칼륨

결핍이 악화될 수 있다. 또 복용하는 약물의 효과가 증가돼 심장기능 약화와 근육약화가 나타날 수 있다.

Case 3

감마리놀렌산 ≠ 항응고제 · 항혈소판제제

감마리놀렌산은 오메가6 불포화지방산으로 혈중 콜레스테롤 개선 효과가 있으며, 혈액 흐름을 좋게 한다. 감마리놀렌산이 들어 있는 건강기능식품을 항응고제 · 항혈소판제제와 같이 복용하면 상처가 생겼을 때 지혈이 힘들어진다.

Case 4

오메가3 지방산(EPA, DHA) ≠ 혈액응고억제제 · 리놀렌산 · 감마리놀렌산

EPA와 DHA는 혈전용해 작용으로 피를 머물지 않게 하는 효과가 있기 때문에 혈액응고억제제와 함께 복용하면 안된다. 오메가3 지방산과 오메가6 지방산(리놀렌산, 감마리놀렌산 등)은 체내에서 두 지방산 간의 경쟁과 체내 요구량의 균형이 매우 중요하므로 둘을 함께 과도하게 섭취하지 않는다. 오메가3는 혈중에 나쁜 콜레스테롤 수치를 낮추고, 좋은 콜레스테롤 수치를 높여 주는 효과가 있다.

Case 5 --

인삼 · 홍삼 ≠ 항혈소판제 · 고혈압약

홍삼은 혈소판 응집을 억제하는 효과가 있기 때문에, 항혈소판제 (클로피도그렐 등)나 혈액응고억제제와 함께 복용하지 말 것, 또 인삼과 홍삼은 혈압 상승 같은 부작용을 일으킬 수 있으므로, 고혈압약을 복용하는 경우 전문의 상담을 받는다.

Case 6 --

뮤코다당단백 ≠ 혈액응고제제 · 항혈소판제제

뮤코다당단백은 생체 내 연골 조직을 이루는 구성 성분으로, 관절과 연골을 튼튼하게 한다. 뮤코다당단백은 항혈소판제제 약물과 유사한 효과를 나타낼 수 있다. 와파린 같은 혈액응고억제제나 클로피도그렐과 같은 항혈소판제제를 복용할 때는 뮤코다당단백 섭취를 금한다.

Part 4

호전반응,
전문가에게 물어봅시다

Q 평소 음식을 잘 챙겨먹는 편이지만 갱년기 건강을 위해 건강기능식품에 대해 알아보고 있습니다. 저처럼 평상시 나쁘지 않은 식습관을 가진 사람도 건강기능식품을 섭취해야 하나요?

A 우리가 두려워하는 현대병은 결코 단시간 내에 생기는 질병이 아닙니다. 평생에 걸쳐 우리 몸의 영양 균형이 무너지면서 해악이 차곡차곡 쌓인 결과입니다.

물론 지금 내 몸에 이상이 없는데 굳이 건강기능식품을 먹을 필요가 있을까 하는 생각을 할 수도 있습니다. 그러나 영양불균형을 발생시키는 수많은 요인들, 온갖 스트레스와 환경오염, 불규칙한 생활습관 등이 우리 몸의 영양을 고갈시키고 균형을 흐트러 놓을 때, 적절한 건강기능식품의 섭취는 우리 몸이 충분한 영양 공급을 통해 최대한 균형을 유지하는 데 도움을 줌으로써 결과적으로 질병을 예방하고 삶에 활력을 더하는 가장 좋은 방법이 됩니다.

Q 바쁜 회사 생활로 평상시 식습관과 생활습관이 좋은 편은 아닙니다. 최근 기력이 많이 떨어져서 건강기능식품 섭취를 고민하고 있습니다. 저에게도 건강기능식품이 도움이 될까요?

A 건강기능식품들의 경우 어디까지나 우리 건강의 보조 역할을 하는 만큼, 잘못된 생활습관과 식습관 개선을 위한 근본적인 노력이 없이는 아주 미미한 영향을 미칠 뿐입니다. 즉 건강기능식품을 제대로 이용하는 방법은 무작정 건강을 쇼핑하듯이 기능식품을 사들이고 섭취하는 것을 넘어 자신의 삶 자체를 돌이켜보고 진정 건강한 삶이란 무엇인가를 숙고하는 것부터 시작해야 합니다.

또한 질병에 대처하는 방편으로 기능식품을 남용하는 것 또한 문제가 될 수 있습니다. 즉 기능식품이 모든 병을 단번에 깨끗이 고쳐주리라는 믿음은, 초반에 우리가 지적한 현대의학에 대한 무조건적인 맹신과 크게 다를 바가 없습니다.

즉 건강기능식품을 제대로 섭취하려면 첫째, 기능식품에 절대적으로 의존하는 대신 이를 치료와 병행하고 자의적인 판단을 조심하려는 자세, 둘째는 그럼에도 먹고 있는 약에 대한 믿음을 가지고 꾸준히 섭취하는 자세 모두가 필요합니다.

Q 건강기능식품을 섭취한 후, 불면증이 심해졌습니다. 신기한 것은 많이 자지 않는데도 일상생활에는 무리가 없다는 점입니다. 이것도 호전반응인가요?

A 대표적인 호전반응 중에는 오히려 잠이 많아지는 증상이 있습니다만 평소보다 잠을 덜 자게 되는 증상도 간혹 있습니다. 건강기능식품을 섭취하고 난 뒤 디톡스가 진행되면서 평소보다 잠이 줄어드는데, 이는 장기가 정상화되고 있는 만큼 해독을 위한 시간이 줄어들기 때문입니다. 이럴 때는 억지로 잠을 청하며 괴로워하기보다는 명상이나 독서 등으로 심리적 안정을 도모하는 것이 좋습니다.

Q 건강기능식품을 식사 대신 한 끼만 섭취하고 있는데, 먹고 나면 자꾸 허기를 느낍니다. 그러다 보니 신경도 예민해지고 일도 잘 손에 잡히지 않습니다. 어떻게 해야 할지요.

A 과체중인 분이나 평소에 과식을 많이 했거나 위장에 장애가 있는 분일수록 건강기능식품을 섭취한 뒤에 허기를 느끼게 됩니다. 건강기능식품은 비록 칼로리는 적지만 영양분은 일반 식사의 5~6배에 가깝고 포만감도 적지 않습니다. 따라서 이론상 이 정도면 배가 고프지 않아야 하지만 그간 과식하는 소화 효소가 적당히 분비되면서 소식을 해도 문제가 없어집니다. 습관이 있는 경우 위가 늘어나 있어 허기를 느낄 수 있습니다. 다만 보름 이상 이런 식사 습관을 지속하면서 필요한 영양소를 제대로 섭취하면 늘어난 위가 수축되고 자연스레 기능식품의 양으로 충족할 수 있는 습관이 들게 됩니다.

Q 호전반응은 한번만 나타나나요? 아니면 반복해서 나타나기도 합니까?

A 대부분의 사람들은 호전반응을 한 번 정도 경험하는 것으로 그칩니다. 그러나 종종 같은 증상을 다시 경험하거나 반복적으로 경험하기도 합니다. 이런 경우는 대개 평상시 장이 안 좋거나, 위가 안 좋은 분, 만성피로에 시달리는 분들처럼 병증이 심하거나 만성화된 경우입니다. 그러나 엄밀히 말하면 이것은 호전반응이 한 번 나타나고 끝나는 것이 아니라 사실상 계속되고 있음에도 다만 그 강도가 세지거나 약해지기를 반복해서 그것을 인식하는 것에도 차이가 있는 것으로 보아야 합니다.

Q 당뇨를 앓고 있는 50대 남자입니다. 그간 건강을 회복해보려고 음식을 가려 먹기 시작했는데 오히려 그럴수록 기력이 떨어지고 면역력이 떨어지는 느낌이 들어 건강기능식품 섭취를 시작했습니다. 그런데 먹기 시작한 지 2주가 안 되어 온몸에 전신 통증이 심합니다. 마치 맞기라도 한 것처럼 욱신거리고 기운도 없어서 처음에는 몸살인 줄 알았는데 계속해서 같은 증상이 이어지고 있습니다. 혹시 이것도 호전반응에 해당됩니까?

A 당뇨란 쉽게 말해 혈액 속에 당 성분이 가득한 것을 의미합니다. 쉽게 말해 '설탕 피' 라고 할 수 있습니다. 이 때문에 이 혈액이 혈관을 흐르면서 많은 찌꺼기들이 혈관 벽에 쌓이고 노폐물이 축적되어 혈액순환이 어려워집니다. 심지어 심한 당뇨를 앓고 있는 환자의 경우 바늘로 피부를 찔러도 피가 잘 나오지 않을 정도입니다.

이렇게 혈류가 좋지 않으면 다양한 합병증들이 발생하게 되는데, 이럴 때 체질에 맞는 꼭 필요한 영양소(건강기능식품)를 섭취하면 막힌 미세혈관의 노폐물을 방출해 혈류가 좋아지면서 온몸에 몸살 기운 비슷한 열과 저림, 쑤시고 아픈 통증이 나타나게 됩니다. 이는 쪼그리고 앉아 있다가 갑자기 몸을 펼 때 나타나는 다리 저림을 생각하시면 됩니다. 따라서 몸살 증상과 같은 호전반응을 잘 참아내시면 혈류가 확실히 좋아지면서 몸 상태가 좋아지는 것을 느끼게 되실 것입니다.

Q 아직 돌이 안 지난 아이 엄마입니다. 제가 건강기능식품의 효과를 많이 보아서 아이에게도 분유에 섞어 먹이고 있는데 변이 좀 묽은 것 같습니다. 너무 어린 나이에 먹여서 그렇다면 중단해야 할 것 같은데 어떨까요?

A 변이 묽어지는 것은 너무 어려서 나타나는 현상이라기보다는 다소간의 적응 기간이 필요할 것 같습니다. 아이는 태어난 지 6개월이 지나면 모체로부터 물려받은 면역력이 굳건해지면서 스스로 자가 면역력을 키우게 됩니다. 그럴 때 체질에 맞는 건강기능식품은 아이의 면역 기능을 활성화시키고 체질 개선에도 도움을 줍니다.

Q 내 몸의 면역력이 얼마나 강한지, 진단하는 방법을 알고 싶습니다

A 가장 정확한 방법은 체혈을 해서 임파구의 수, 다시 말해 백혈구의 수를 확인해보는 것입니다. 가까운 동네 병원에서도 얼마든지 이런 검사가 가능합니다. 그러나 일상적으로 외견만 봐도 그 사람의 건강 상태를 알 수 있는 지표가 몇 가지 있다.

첫째, 안색입니다. 교감신경이 우위에 있어 피가 끈적끈적해지면 안색이 거무스름하거나 불투명해집니다. 반대로 임파구가 많아지면 안색이 좋습니다. 이는 건강한 면역 상태를 유지하고 있다는 의미로 볼 수 있습니다.

둘째, 체온이 일정한 상태를 유지하고 있는지 보는 것입니다. 우리 몸의 가장 좋은 체온은 36도에서 37도입니다. 이 범위 내에서 체온이 유지되면 혈액순환이 좋아 몸이 따뜻한 상태에 놓이게 됩니다. 반대로 체온이 너무 낮으면 몸이 냉해져 임파구가 적어지게 됩니다. 혈액

순환이 좋지 않으니 안색도 좋을 리가 없습니다.

셋째, 변비로도 면역력의 상태를 알 수 있습니다. 변비는 식생활의 문제로 나타나기도 하지만 면역력이 떨어질 때도 나타납니다. 몸에 무리가 가는 생활을 오래 하면 변비가 생기고 변의 냄새도 독해지게 됩니다.

이상의 방법들 외에도 무기력함, 피로, 감기에 걸리는 횟수 등을 고려하면 지금의 내 면역력 상태를 가늠할 수 있습니다.

Q 3교대로 일하고 있는 저는 디톡스 후 심각한 호전반응을 겪었고, 그간 몸을 제대로 돌보지 않았다는 점을 깨달았습니다. 앞으로는 평상시 식습관부터 바꿔가고 싶은데요. 면역력을 높이는 식습관으로는 어떤 것이 있을까요?

A 건강한 음식을 즐겁고 맛있게 먹는 것만큼 사람을 행복하게 만드는 것이 없습니다. 먹는 일에 감사를 느끼면 부교감신경이 우위가 되고 몸에 좋은 임파구도 많이 생성됩니다. 음식을 천천히 잘 씹어서 먹으면 소화관의 활동도 활발해지기 때문입니다. 다시 말해 질 나쁜 음식을 배 채우기 식으로 먹는 것은 우리 몸의 면역에 가장 큰 도움이 되는 식사 시간을 헛되이 흘려보내는 것과 다름 없습니다.

음식을 고르는 것도 중요합니다. 평소 무절제한 식습관을 가지고 있다면 자신이 어떤 음식을 주로 먹는지 점검해서 몸에 나쁜 음식을 줄이려는 노력이 필요합니다. 대신 면역력을 높이는 각종 식품들을 조리해 즐기면서 전체식으로 먹는 습관을 키워야 합니다. 또한 바쁜 현대인들의 생활에서 적절한 영양 섭취가 힘들다 하더라도 내외적으로 공인된 건강기능식품의 도움을 받으면 면역력에 필요한 영양을 섭취하는 어려움을 해결할 수 있습니다. 나에게 맞는 건강기능식품을 꾸준히 감사하는 마음으로 섭취하는 것도 면역력을 높이는 좋은 식습관의 하나일 수 있습니다.

Q 혹자는 강한 디톡스 후에 극심한 호전반응을 겪은 뒤 암이 호전되었다고 합니다. 진짜로 암을 자연치유력으로 고칠 수 있을까요?

A 암은 고치기 힘든 난치병으로 우리가 가장 두려워하는 사망 원인 1위 질병입니다. 실제로 암 환자를 돌봐본 사람은 그 처참한 모습에 "암만큼은 걸리고 싶지 않다."고 말할 정도이지요.

그러나 암 역시 무리한 생활로 인한 면역력 저하에서 발생한다는 점을 이해한다면 그렇게 두렵지만은 않을 것입니다. 암은 교감신경과 부교감신경의 정상적인 균형이 깨지면서 생체 방어 시스템에 이상이 생겨 발생합니다. 이때 자율신경의 균형을 깨는 근본적 원인은 신체의 적응 능력을 뛰어넘은 무리한 생활방식입니다. 따라서 암에 걸렸더라도 '매일 밤 따뜻한 욕조 안에 몸을 담그기', '한 시간 일찍 자기', '매일 아침 30분씩 일찍 일어나 산책하기' 충분한 수분 섭취하기, 처럼 작은 생활습관들을 실천해 나가는 것이 중요합니다. 이렇게 조금씩 자율신경의 부담을 줄여 균형을 이루다 보면, 자연히 백혈구 속 림프구가 증가해 암세포의 활동을 억제하게 됩니다. 이 단계를 이른바 암과의 공존 상태라고 부르는데, 인간은 암세포가 단단하게 뭉친 덩어리조차 축소하고 소멸시킬 수 있는 면역력을 지니고 있다는 점을 기억해야 합니다.

통증을 이해하면 건강해진다

"아프다면 그냥 내버려두라!"

사실 이 말을 들었을 때 이것을 몸소 시행할 수 있는 사람이 몇이나 될 수 있을지는 알 수 없다. 다만 우리는 어린 시절부터 다양한 질병들을 겪으면서 스스로 면역력을 길러왔고, 이렇게 길러진 면역 체계는 우리 체내에 다양한 호전반응을 통해 병을 극복할 수 있는 시스템을 마련해놓았다.

지금껏 우리는 증상이 나타나면 무조건 약이나 수술을 통해 억제하는 현대 서양의학의 패러다임에 길들여져 왔다. 하지만 이제 세계는 전체적 관점에서 질병을 바라보는 통합의학의 흐름을 받아들이고 있으며, 거기에는 자연치유력을 극대화해서 질병을 극복하는 호전반응이 핵심적인 미래 건강 패러다임으로 등장할 것이다.

지금껏 우리가 알아본 호전반응에 대한 지식은 사실상 호전반응에 대한 아주 일부에 불과하다. 또한 이론으로서의 호전반응보다 중요한 것은 앞으로 우리가 일상 속에서 경험하게 될 보다 광범위한 실제적 호전반응이다. 이 책이 바로 그 놀라운 자연치유의 세계로 들어가는 첫 걸음이 되기를 바라며, 현대인의 개개인들 또한 진정한 건강 증진을 위해 통합의학 적인 페러다임을 이해하고 내 몸(세포)과 진정한 대화를 하면서 건강한 문화를 만들어 나가기를 희망합니다.

참고도서

●

호전반응, 내 몸을 살린다 / 양우원

닥터 디톡스 / 이영근, 최준영 지음

내몸 치유력 / 프레데리크 살드만 지음, 이세진 옮김

암에 걸려도 살 수 있다 / 조기용 지음

내 몸에 병 내가 고친다 / 김홍구 감수

내 몸에 꼭 필요한 영양소는 무엇일까? / 정옥선 지음

노화와 질병 / 레이 커즈와일 지음

독소배출 / 장량듀어 지음 김다연 옮김

건강기능 식품 알고 먹자 / 윤철경

식품진단서 / 조 슈워츠 지음 김명남 옮김

혹이 들려주는 세포 이야기 / 이흥우 지음

인체를 지배하는 메커니즘 / 뉴턴코리아

의사, 약사도 인정하는 호전반응의 모든 것

반갑다 호전반응

초판 1쇄 인쇄	2016년 12월 10일	**4쇄** 발행	2018년 05월 28일
2쇄 발행	2017년 02월 15일	**5쇄** 발행	2019년 01월 30일
3쇄 발행	2017년 09월 25일	**6쇄** 발행	2020년 02월 15일

지은이　　정용준
발행인　　이용길
발행처　　모아북스
　　　　　　MOABOOKS

관리　　　양성인
디자인　　이룸

출판등록번호　제 10-1857호
등록일자　　1999. 11. 15
등록된 곳　　경기도 고양시 일산동구 호수로(백석동) 358-25 동문타워 2차 519호
대표 전화　　0505-627-9784
팩스　　　　031-902-5236
홈페이지　　www.moabooks.com
이메일　　　moabooks@hanmail.net
ISBN　　　979-11-5849-042-3　　　03570

모아북스 는 독자 여러분의 다양한 원고를 기다리고 있습니다.
MOABOOKS
(보내실 곳 : moabooks@hanmail.net)

암에 걸려도 살 수 있다

'난치성 질환에 치료혁명의 기적' 통합치료의 선두 주자인 조기용 박사는 지금껏 2만 여명의 암환자들을 통해 암의 완치라는 기적 아닌 기적을 경험한 바 있으며, 통합요법을 통해 몸 구조와 생활습관을 동시에 바로잡는 장기적인 자연면역재생요법으로 의학계에 새바람을 몰고 있다.

조기용 지음 | 255쪽 | 값 15,000원

우리 가족의 건강을 지키는
최고의 방법 내 병은 내가 고친다!
질병은 치료할 수 있다

50년간 전국 방방곡곡에서 자료 수집 후 효과를 검증받아 쉽게 활용할 수 있는 가정 민간요법 백과서이며 KBS, MBC 민간요법 프로그램 진행 후 각종 언론을 통해 화제가 되기도 하였다.

구본홍 지음 | 240쪽 | 값 12,000원

공복과 절식

최근 식이요법과 비만에 대한 잘못된 지식이 다양한 위험을 불러오고 있다. 이 책은 최근 유행의 바람을 몰고 온 1일 1식과 1일 2식, 1일 5식을 상세히 살펴보는 동시에 식사요법을 하기 전에 반드시 알아야 할 위험성과 원칙들을 소개하고 있다.

양우원 지음 | 274쪽 | 값 14,000원

먹지 않고 힘들게 살을 빼는
혹독한 다이어트는 이제 그만!

다이어트 정석은 잊어라

살을 빼기 위해서 적게 먹는 혹독한 다이어트로 인해 발생하는 문제점과 지금까지 다이어트가 실패할 수밖에 없었던 원인을 밝힌다. 이 책은 해독 요법만큼 원천적이고 훌륭한 다이어트는 없다는 점을 강조하는 동시에, 균형 잡힌 식습관을 위해서는 일상 속에서 무엇을 알아야 하는지를 상세하게 설명하고 있다.

이준숙 지음 | 152쪽 | 값 7,500원

피부과 전문의가 주목한
한국 최고 아토피 치료의 모든 것

아토피 치료 될 수 있다

아토피 분야의 임상으로 국내에서보다 일본, 미국에서 잘 알려진 구본홍 박사가 펴낸 양한방 아토피 정보서다. 이 책에는 일상생활 속에서 아토피 방지를 위해 실천할 수 있는 생활 수칙 뿐만 아니라, 현재 각광받고 있는 다양한 치료법을 소개한다.

구본홍 지음 | 120쪽 | 값 6,000원

자연치유 전문가 정용준 약사의

노니건강법

노니에 대한 성분과 기능에 대해 설명하고 있다. 또한 국내에서 노니가 적용될 수 있는 다양한 질병 등을 소개하고 실생활에서 노니를 활용한 건강법을 안내한다.

정용준 지음 | 156쪽 | 값 12,000원

톡톡튀는 질병 한 방에 해결

인체를 망가뜨리는 환경호르몬, 형광물질로 얼룩진 화장지, 방부제의 위험을 모르는 채 매일 먹고 있는 빵, 배불리 먹는 만큼 활성산소의 두려움에 떨어야만 하는 우리 몸의 그늘진 상처를 과감히 파헤치고 있다.

우한곤 지음 | 278쪽 | 값 14,000원

건강의 재발견 벗겨봐

지금까지 믿고 있던 건강 지식이 모두 거짓이라면 당신은 어떻게 하겠는가? 이 책은 건강을 위협하는 대중적인 의학적 맹신의 실체와 함께 잘못된 건강 정보에 대해 사실을 밝히고 있다.

김용범 지음 | 275쪽 | 값 13,000원

현대의학으로 증명된
김치유산균

미국 건강잡지〈헬스 매거진〉에서 세계5대 건강식품으로 소개된 김치!
한때 김치는 냄새와 맛 등으로 외국인들에게 거부감을 주는 음식이지만 김치유산균에 들어있는 유산균이 다른 발효음식을 능가하는 풍부하고도 다양한 효능으로 조명 받고 있다.

신현재 지음 | 120쪽 | 값 7,500원